Modélisation de l'hémodynamique artérielle

Wassila   Sahtout

Modélisation de l'hémodynamique artérielle

Modélisation de l'hémodynamique artérielle : à la
quête de techniques pour l'imagerie fonctionnelle

Presses Académiques Francophones

Impressum / Mentions légales

Bibliografische Information der Deutschen Nationalbibliothek: Die Deutsche Nationalbibliothek verzeichnet diese Publikation in der Deutschen Nationalbibliografie; detaillierte bibliografische Daten sind im Internet über http://dnb.d-nb.de abrufbar.
Alle in diesem Buch genannten Marken und Produktnamen unterliegen warenzeichen-, marken- oder patentrechtlichem Schutz bzw. sind Warenzeichen oder eingetragene Warenzeichen der jeweiligen Inhaber. Die Wiedergabe von Marken, Produktnamen, Gebrauchsnamen, Handelsnamen, Warenbezeichnungen u.s.w. in diesem Werk berechtigt auch ohne besondere Kennzeichnung nicht zu der Annahme, dass solche Namen im Sinne der Warenzeichen- und Markenschutzgesetzgebung als frei zu betrachten wären und daher von jedermann benutzt werden dürften.

Information bibliographique publiée par la Deutsche Nationalbibliothek: La Deutsche Nationalbibliothek inscrit cette publication à la Deutsche Nationalbibliografie; des données bibliographiques détaillées sont disponibles sur internet à l'adresse http://dnb.d-nb.de.
Toutes marques et noms de produits mentionnés dans ce livre demeurent sous la protection des marques, des marques déposées et des brevets, et sont des marques ou des marques déposées de leurs détenteurs respectifs. L'utilisation des marques, noms de produits, noms communs, noms commerciaux, descriptions de produits, etc, même sans qu'ils soient mentionnés de façon particulière dans ce livre ne signifie en aucune façon que ces noms peuvent être utilisés sans restriction à l'égard de la législation pour la protection des marques et des marques déposées et pourraient donc être utilisés par quiconque.

Coverbild / Photo de couverture: www.ingimage.com

Verlag / Editeur:
Presses Académiques Francophones
ist ein Imprint der / est une marque déposée de
AV Akademikerverlag GmbH & Co. KG
Heinrich-Böcking-Str. 6-8, 66121 Saarbrücken, Deutschland / Allemagne
Email: info@presses-academiques.com

Herstellung: siehe letzte Seite /
Impression: voir la dernière page
ISBN: 978-3-8381-7619-2

MODELISATION DE L'HEMODYNAMIQUE ARTERIELLE :

A LA QUÊTE DE TECHNIQUES D'IMAGERIE FONCTIONNELLE

Wassila Sahtout

1

Table des matières

Table des illustrations et tableaux

ILLUSTRATIONS

TABLEAUX

NOMENCLATURE ET ABREVIATIONS

NOMENCLATURE

α	Paramètre de Womersley
γ	Nombre d'onde complexe - Taux de cisaillement
φ	Coordonnée tangentielle
σ	Contrainte - coefficient de Poisson
ρ	Masse volumique du fluide
ρ_p	Masse volumique de la paroi des vaisseaux
ε	Taux de déformation
η	Viscosité dynamique (fluide) – module visqueux (solide)
ω	Pulsation
ν	Viscosité cinématique
λ	Longueur d'onde
ξ	Cordonnée radiale adimensionnée
τ	Variable temporelle réduite
A	Section du vaisseau
a	Rayon réduit - 2a est la plus grande dimension des globules rouges
a_n	Coefficient d'atténuation du nième harmonique
$\tilde{a}$(aosc)	Rayon réduit oscillant
c	Vitesse réelle de propagation
c_0	Vitesse de Moens Korteweg
c_L	Vitesse de propagation longitudinale
c_s	Célérité de l'onde ultra sonore
c_T	Vitesse de propagation Torsionnelle
CV_r et CV_z	Termes convectif radial et axial
cv_r et cv_z	Termes convectif radial et axial réduits
E	Module d'élasticité ou d'Young
E*	Module d'élasticité complexe
Ec	Module d'élasticité des fibres de collagène
Ee	Module d'élasticité des fibres d'élastine
E_{im}	Module d'élasticité imaginaire
$E_{réel}$	Module d'élasticité réel
f	fréquence
fc	Pourcentage de fibres de collagène recrutées
h	Epaisseur de la paroi des vaisseaux
K	Coefficient de réflexion
M	Masse
P	Pression
Q	Débit
q	Débit réduit
R	Rayon interne du vaisseau
Re	Nombre de Reynolds

6

r	Coordonnée radiale
$\Delta v/\Delta x$	Taux de cisaillement ou gradient de vitesse
t	Coordonnée temporelle
T	Période
T_x	Terme visqueux
U_d	Vitesse débitante
U	Vitesse radiale
u	Vitesse radiale réduite
W	Vitesse axiale
w	Vitesse axiale réduite
$\vec{V}$	Vecteur vitesse
V	Volume
X	Coordonnée axiale réduite
z	Coordonnée axiale
Za	Impédance acoustique
Z_l	Impédance Longitudinale

ABREVIATIONS

GPM	Gradient de Pression Moyen
GPP	Gradient de Pression Pulsatile
GR	Globule Rouge
IRM	Imagerie par Résonance Nucléaire
PAS	Pression Artérielle Systolique
RMN	Résonance Magnétique Nucléaire
US	Ultra Son

INTRODUCTION GÉNÉRALE

L'hémodynamique du réseau artériel n'est pas uniquement l'aboutissement de la source d'énergie qu'est la pompe cardiaque, elle est aussi la réponse à l'action de la paroi vasculaire dont le comportement mécanique est viscoélastique et non linéaire. Le fluide (le sang) qui est caractérisé à la source par son champ de pression et de vitesse pulsatile exerce des forces sur l'interface solide (paroi) qui se déforme en affectant, du moins dans les grands troncs artériels, le champ de l'écoulement et donc les charges hydrodynamiques.

Déjà depuis les années cinquante, les mathématiciens (Womersley1955) et les hémodynamiciens s'évertuent à relier les grandeurs hémodynamiques au comportement mécanique des parois artérielles. D'ailleurs bien avant (1828), Poiseuille, médecin physiologiste et physicien français, avait compris l'interaction entre circulation sanguine et paroi artérielle. Actuellement, les cliniciens intègrent de plus en plus dans leur diagnostic des maladies cardiovasculaires, un processus de dépistage de modification du comportement mécanique des parois. Ce processus ayant pour eux une valeur pronostique, en ce sens où ils considèrent que la rigidité des parois des artères est un facteur de risque cardiovasculaire indépendant [6]. Par conséquent, de nombreuses recherches ont été réalisées pour le développement de techniques de diagnostic atraumatique à usage systématique. Ces techniques nécessitent une modélisation très fine du milieu biologique à explorer dont la complexité de fonctionnement fait intervenir un large spectre du domaine de la physique et des mathématiques. Il est vrai que de nos jours, l'instrumentation biomédicale possède un parc important d'appareillage allant du plus simple (tensiomètre, ECG,) au plus sophistiqué (IRM). Les mesures obtenues à partir de tels appareils, sont en général, en milieu clinique, utilisées de manières descriptives et font que la richesse des informations qu'elles contiennent ne soit pas toujours bien exploitée. Ces instruments qui utilisent des techniques physiques assez performantes pour la détection et la conversion des informations physiologiques en signaux électriques, nécessiteraient une compréhension fondamentale des phénomènes physiques liés aux processus physiologiques à détecter. Les phénomènes physiques en question sont de plusieurs ordres : ils sont dus à la nature du signal délivré par les appareillages, au comportement physique du milieu biologique vis-à-vis de ce signal mais surtout au comportement physique intrinsèque de ce milieu biologique. Quelque soit la modalité des techniques de diagnostic employées, elle repose sur un signal physique envoyé par le milieu biologique ciblé. Ainsi, pour un meilleur traitement et une meilleure exploitation de ce signal, il est essentiel, à partir des grandeurs accessibles in vivo, de concrétiser dans des expressions mathématiques les phénomènes physiques sous jacents à la réponse de l'organe exploré. Solutions des équations locales du mouvement, ces expressions mathématiques devraient mettre en exergue les paramètres d'intérêts cliniques qui ne peuvent en général être obtenus de manière directe. Vu la complexité des phénomènes mis en jeu, il est en général nécessaire de se donner des hypothèses simplificatrices qui reflètent le plus que possible la réalité physiologique d'où la place importante de la modélisation mathématique et physique du milieu biologique et plus précisément de celui qui nous interpelle, le système cardiovasculaire.

Notre challenge est de développer des méthodes de diagnostic non intrusives pour les différentes artères de la circulation systémique, dans des conditions physiologiques normales ou pathologiques liées essentiellement à des modifications du comportement mécanique de la paroi des artères (hypertension artériosclérose, diabète …). Ces méthodes se fonderaient sur la détermination des grandeurs hémodynamiques (pression, débit…) à partir des mesures de la vitesse du sang au centre de l'écoulement et du rayon instantané de l'artère par des techniques non invasives comme la vélocimétrie doppler ou l'IRM de flux. Dans ces modèles mathématiques et physiques, il est question de corréler la vitesse et le rayon aux caractéristiques liées au comportement mécanique de la paroi (module d'élasticité, rayon instantané…) et à celles du sang (masse volumique, viscosité) et ce pour chaque type d'artère.

Il faut savoir que l'écoulement du sang est pulsatile, les ondes de pression et de débit générées par le cœur se propagent dans un milieu fini (lit vasculaire périphérique), du fait de l'architecture très complexe du système artériel qui présente des singularités, singulières et régulières, occasionnées par les connexions et bifurcations et le comportement viscoélastique non linéaire des parois vasculaires. Le signal hémodynamique émis par le système artériel est donc une modulation des différentes composantes incidentes transmises, réfléchies qui sont les réponses du cœur, de la paroi artérielle et des différents sites de réflexion. Cette modulation dépendra de la nature du couplage fluide – structure, faible ou forte, dans un système (système artériel) où les parois sont déformables et où le liquide visqueux (le sang) à un comportement rhéologique non newtonien. Si l'on peut considérer que le comportement du sang au niveau des larges et moyennes artères est newtonien donc pratiquement invariant [8], ce n'est pas le cas de celui de la paroi des artères dont la structure évolue au fur et à mesure qu'elles s'éloignent du cœur (des larges vers les petites artères). Selon le rôle que jouent les artères dans le système cardiovasculaire, l'évolution de leur structure fait que leur comportement mécanique, qui est au demeurant non linéaire, s'en trouve modifié en devenant de moins en moins élastique [15]. Ainsi, au niveau des larges troncs artériels très élastiques, on observe, au cours d'un cycle cardiaque, des variations de diamètre beaucoup plus importantes qu'au niveau des artères moyennes à petites. De ce fait, au niveau des petites et moyennes artères où le couplage fluide – structure est faible, on montre, que l'on peut émettre l'hypothèse essentielle de "petits mouvements" pariétaux, ce qui conduit à la linéarisation des équations locales de l'écoulement. Ce n'est pas le cas des larges artères où les déplacements pariétaux sont "d'amplitude finie". L'hémodynamique, qui, dans ces conditions, est caractérisée par un fort couplage fluide – structure (action dans les sens fluide – structure et structure - fluide), mène à des équations locales du mouvement (équation de Navier – Stokes) plus complexes. A la lumière des réflexions évoquées ci-dessus, notre étude s'organise autour de deux grandes approches. La première concerne la formalisation de l'hémodynamique des petites à moyennes artères et la seconde, celle des grands troncs artériels (aorte). Dans les deux régions, le sang sera considéré newtonien.

La première approche présentée au chapitre 2, se base sur une hypothèse linéaire. Elle vise à déterminer les paramètres de propagation caractéristiques des petits à moyens vaisseaux en un site de mesure.

La seconde approche exposée au chapitre 3, tient compte du caractère non linéaire du flux sanguin dans les larges vaisseaux. Nous y montrerons l'influence des non linéarités sur les grandeurs hémodynamiques qui gouvernent ce type d'écoulement. Il y sera également question de l'influence d'une modification pathologique de l'élasticité de la paroi sur les grandeurs d'intérêt. Une simulation numérique, exposée au chapitre 4, utilisant une formulation Arbitrairement Lagrangienne Eulérienne (ALE), sera appelée à valider les modèles semi –analytiques que nous aurons développés. En outre, nous présenterons, à partir de cette simulation les profils de vitesse associés aux différents comportements élastiques pariétaux afin d'évoquer les régimes d'écoulement qu'ils génèrent. D'autre part, une animation numérique viendra illustrer ces écoulements.

Chapitre 1

ETAT DU SUJET

Comme tout fluide, la nature de l'écoulement du sang dépend de son comportement rhéologique, de l'architecture du réseau dans lequel il circule et du comportement rhéologique de chaque vaisseau qu'il traverse. Pour une meilleure compréhension de l'influence des phénomènes physiopathologiques au sein du système artériel sur la dynamique de l'écoulement et afin d'établir les bases des modèles développés dans cette étude, nous allons, dans ce chapitre, décrire et donner les caractéristiques géométriques et rhéologiques du système cardiovasculaire.

I. Généralités sur le système cardiovasculaire

La principale fonction du système cardiovasculaire est d'assurer une distribution optimale du sang au niveau des tissus de l'organisme. Il est donc constitué de deux pompes, le cœur droit et le cœur gauche, contenant chacune deux cavités, oreillette et ventricule, qui fournissent au sang l'énergie nécessaire à son mouvement. Le sang est éjecté périodiquement dans deux réseaux, le réseau pulmonaire et le réseau systémique (qui nous intéresse principalement) fig1.1, avec une période moyenne de 70 à 80 battements par minute tableau 1.1, dans tous les cas l'éjection a lieu au niveau du réseau artériel. C'est donc le cœur qui est responsable, en grande partie, de la nature pulsatile de l'écoulement sanguin en générant une onde de pression et de débit dans une gamme de basses fréquences allant de 1 à 10 Hz.

Le système artériel, au niveau de la circulation systémique, objet de notre étude, est caractérisé par sa prédominance élastique, par le nombre important de ramifications et par la diminution des calibres des vaisseaux au fur et à mesure que l'on s'éloigne du cœur ainsi que par leur forme conique. Ces trois caractéristiques vont assurer un débit et une pression beaucoup plus faibles et continus au niveau capillaire fig1.3-4. En devenant de plus en plus important (10^9) à chaque ramification, au fur et à mesure que l'on se rapproche du lit capillaire (tableau 1.1), le nombre de vaisseaux créés, disposés en parallèle contribue à augmenter de 800 fois la surface de la section du lit vasculaire par rapport à celle de l'aorte. Ainsi malgré le petit calibre des capillaires inférieurs à 10 µm devant celui de l'aorte qui est de l'ordre de 1cm, la vitesse moyenne du sang qui était de l'ordre de 30cm/s au niveau de l'aorte devient égale à qq. mm/s au niveau capillaire tableau 1.1 et fig.1.4.

Volume sanguin	6 litres
Densité du sang	1.06
Viscosité du sang	4 à 5 centipoises dans les grands vaisseaux. Variable.
Ejection cardiaque	6 litres par minute
Rythme cardiaque	80 battements par minute
Volume d'éjection	70ml
Durée de la systole	0.3 seconde
Durée de la diastole	0.5 seconde

Tableau 1.1 : Grandeurs hémodynamiques dans la circulation (Bergel 1972)

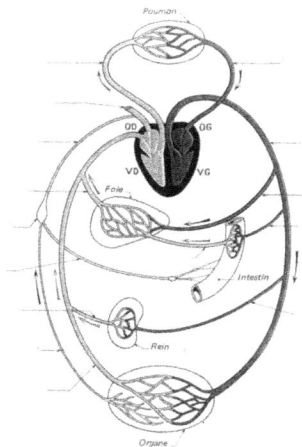

Figure 1.1 : Architecture de la circulation

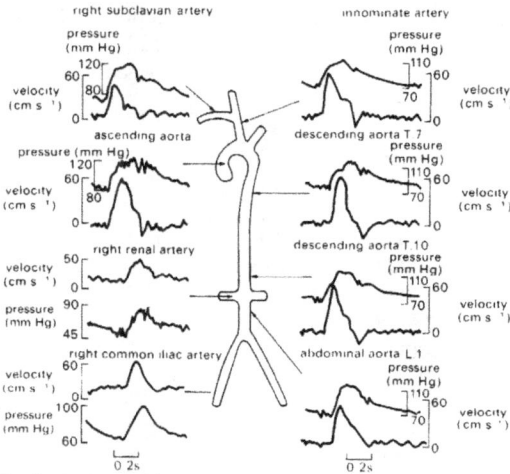

Figure 1. 2 : Onde de pression et de vitesse dans l'aorte et les artères d'un chien (From Caro et al 1978, The Mechanics of the Circulation)

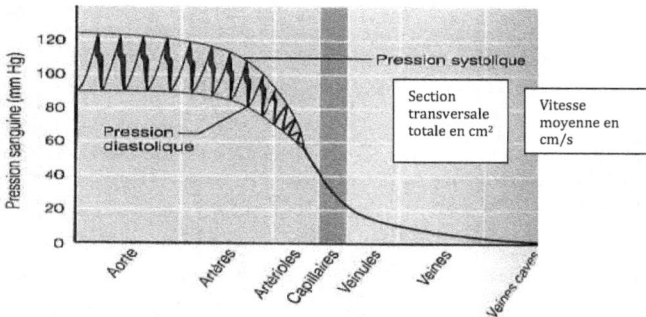

Figure1. 3 : Evolution de la pression dans la circulation systémique.

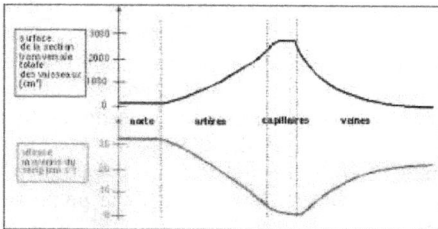

Figure 1. 4 : Evolution de la vitesse et de la surface de section dans la circulation systémique

	Diamètre cm	Nombre de vaisseau	Longueur cm	Section totale équivalente cm^2	Vitesse Moyenne Cm/s	Re	α
Système artériel	2	1	59	3.14	24	120	28
	0.5	40	29	8	9.3	0	7
↑	0.15	600	14	10.5	7.1	116	2.121
	0.07	1800	5.8	11	7	26.6	0.949
	0.014	76000	2.1	11.6	6.5	12.2	0.195
	0.005	100000	0.15	20	3.7	2.27	0.068
	0.003	15000000	0.22	105	0.7	0.46	0.039
	0.002	80000000	0.3	250	0.3	0.05	0.027
Capillaires	0.0008	3000000000	0.15	1500	0.05	2	0.011
	0.003	130000000	0.3	910	0.082	0.01	
	0.0075	15000000	0.22	670	0.11	5	
	0.013	1000000	0.15	133	0.57	0.00	
	0.03	76000	2.1	54	1.4	1	
↓	0.18	1800	5.8	46	1.65	0.00	
	0.3	600	14	43	1.75	6	
Système veineux	1	40	29	32	2.35	0.02	
	2.5	1	59	4.8	15.5	0.18	
						1.05	
						7.42	
						13.1	
						58.7	
						968	

Tableau 1.2 : (Bergel, 1972) réseau artéro – veineux systémique d'un adule de 60kg de débit cardiaque 4.5l/mn, de fréquence cardiaque de 76 battements par minute (pulsation ω =8 s^{-1}) et de viscosité cinématique ν = 4 . 10^{-6}cP.

Le caractère distensible des parois des artères qui diminue avec leur distance au cœur joue deux rôles majeurs dans la circulation sanguine. Le premier, appelé effet Windkessel [58,66], est de stocker une partie de l'énergie du sang sous forme d'énergie potentielle de déformation à la systole pour le restituer au moment de la diastole, afin d'assurer un débit sanguin continu au niveau capillaire. Le second, est d'amortir l'écoulement pulsatile. Le sang est éjecté par le cœur au niveau de l'aorte avec une haute pression comprise en moyenne entre 90 et 120 mmHg au cours d'un cycle cardiaque pour chuter à 40mmHg au niveau capillaire. L'amortissement de l'écoulement pulsatile et la diminution de la vitesse au niveau capillaire auront pour effets bénéfiques de favoriser les différents échanges entre le sang et le milieu interstitiel et de permettre au cœur d'avoir des périodes de relaxation.

Une répercussion primordiale, du caractère élastique, est la propagation de l'onde de pression et de débit avec une célérité de l'ordre de 4m/s : c'est le pouls que l'on peut ressentir au niveau des poignets et du cou.

Aussi, une altération de la paroi impliquant sa dilatation ou son durcissement, peut avoir des effets conséquents sur l'hémodynamique artérielle. Il est vrai que l'élasticité diminue avec l'âge, le tabac et dans certaines pathologies comme l'hypertension et le diabète [9, 26, 42, 58, 65, 86, 87]. De plus, plusieurs études [46, 55, 86], ont montré que la rigidité de l'artère est un « facteur prédictif de la mortalité par accident vasculaire cérébral indépendamment de tout autre facteur prédictif ». La connaissance de l'élasticité pariétale, qui ne peut être mesurée directement in vivo, présente donc un certain intérêt clinique.

Le comportement rhéologique des parois étant une composante du fonctionnement du système cardiovasculaire, nous allons exposer les principales lois de comportements émises à ce jour. Mais dans un premier temps nous allons nous intéresser au comportement de celui pour lequel le système cardiovasculaire existe : le sang.

I.1 Hémorhéologie du sang

Avant d'évoquer la rhéologie du sang, il conviendrait de définir le terme rhéologie.

La Rhéologie, est un mot inventé par Bingham en 1929 à partir du verbe grec ρoές qui veut dire couler. Devant l'impuissance de la théorie de l'élasticité et de la mécanique des fluides à expliquer et à décrire les matériaux aux comportements intermédiaires entre celui du solide élastique parfait et celui du fluide newtonien il est apparut nécessaire d'élaborer une science pour l'étude de leurs écoulements et de leurs déformations.   La rhéologie constitue donc une discipline de la physique à part entière. L'hémorhéologie qui est l'étude des propriétés de la rhéologie du sang, est maintenant bien connue [10,11, 77, 85]. En effet, différents travaux montrent son étroite relation avec la circulation sanguine, dont le rôle est d'assurer le contrôle de l'approvisionnement en nutriment et l'évacuation de déchets.

Le sang est une suspension d'éléments figurés dans un fluide suspendant, appelé plasma. Le plasma est composé de 91% d'eau, de 8% de protéines et de 1% d'ions, de nutriments et de gaz. Les éléments figurés du sang sont à 95% des globules rouges (GR) appelés aussi hématies, à 5% des globules blancs et plaquettes [25]. Les GR étant majoritaires, ce sont donc eux qui vont conditionner le comportement rhéologique du sang. En effet, les GR sont des disques biconcave pouvant se déformer s'agréger selon la contrainte de cisaillement qui s'exerce sur eux. Cette dernière grandeur va donc imposer la nature de l'écoulement newtonienne où non newtonienne selon sa valeur plus ou moins importante fig.1.5. De fait, la rhéométrie montre qu'en général le sang présente un comportement non newtonien. C'est un fluide complexe dit à seuil ou rhéofluidifiant qui se comporte comme un solide aux faibles taux de cisaillement et comme un fluide visqueux au fort taux de cisaillement. Par ailleurs, la viscosité dépend aussi de la température de la déformabilité des GR et de l'hématocrite fig. 1.6 (% du volume occupé par les GR par rapport au volume sanguin total) qui peut varier dans certains cas pathologique [11].

Ainsi pour déterminer la viscosité du sang plusieurs modèles phénoménologiques [25, 32, 57], où est définie une viscosité apparente et faisant intervenir des paramètres liés à la structure, ont été proposés. Ces modèles confirment l'existence d'un état structurel dépendant de l'écoulement qui influe sur la viscosité apparente du sang. Ainsi le caractère non newtonien se fait essentiellement ressentir dans la microcirculation (artérioles - capillaires) où $1 < \dfrac{R}{a} < 10$ (R est le rayon du vaisseau et 2a la plus grande dimension du GR). Par contre à l'échelle macroscopique où $\dfrac{R}{a} > 10$, petite et grande circulation systémique le sang peut être considéré comme un fluide incompressible, newtonien de viscosité de l'ordre de 3 10^{-3}Pl.

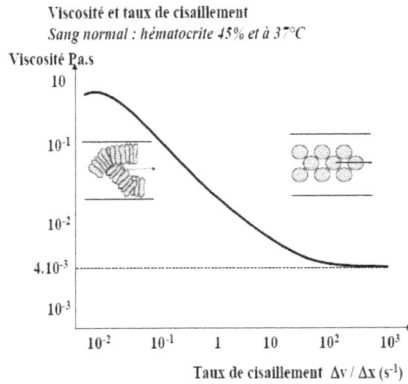

Viscosité et taux de cisaillement
Sang normal : hématocrite 45% et à 37°C

Figure 1. 5 : Influence du taux de cisaillement sur la viscosité sanguine.

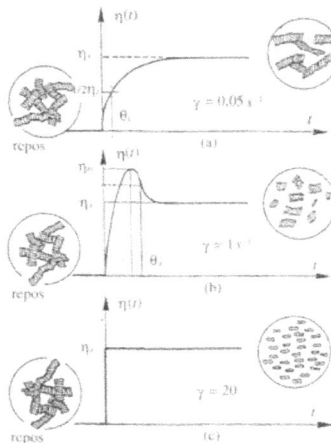

Figure1.6 : Comportements viscoélastique, élasto - thixotrope et newtonien du sang, observés lorsque l'échantillon de sang est soumis à divers échelon de vitesse de cisaillement.

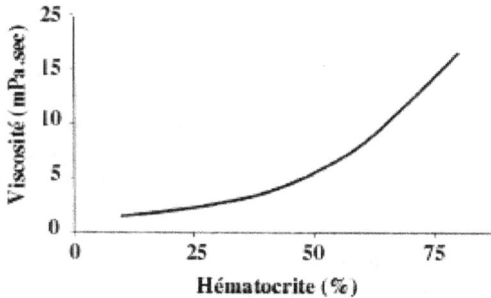

Figure 1. 7 : Effet de l'hématocrite sur la viscosité sanguine (Baskurt et al 2003).

I.2 Rhéologie de la paroi vasculaire

Le comportement mécanique du réseau vasculaire est régi par des propriétés physiques qui sont des plus difficiles à appréhender que celles de simples tuyaux. En effet, les vaisseaux sanguins sont vivants, ils changent constamment de taille, non seulement de façon passive avec les changements de pression sanguine, mais aussi de façon active par l'activation des cellules musculaires lisses de leur paroi. De plus, au cours de leur croissance, du vieillissement et dans de nombreuses situations pathologiques, leur composition et leur structure histologique sont modifiées et en conséquence leur comportement mécanique. La paroi artérielle se présente comme un matériau composite composé de quatre types de tissu, la bordure endothéliale, les fibres d'élastine, les fibres de collagène et le muscle lisse (fig. 1.8 – 9) [7].

I.2.1 Composition des parois des artères

Les cellules endothéliales, sont des cellules particulières qui tapissent l'intérieur du vaisseau en constituant l'endothélium. Elles sont capables d'exprimer certaines substances biologiques qui ont un effet sur l'état de contraction des vaisseaux par l'intermédiaire des muscles lisses. Elles peuvent aussi avoir une influence sur les capacités d'adhésion des éléments circulants sur la paroi.

Les fibres d'élastine, qu'on trouve dans l'intima, la média et l'adventice, sont abondantes dans tous les vaisseaux. Elles ont pour fonction de produire automatiquement une tension élastique pour résister à la force de distension de la pression sanguine. Elles ont un comportement élastique pur, de module d'élasticité variant de 10^5 à 10^6 Pa (fig.1.8-11).

Les fibres de collagène, situées dans la média et l'adventice, sont très rigides, elles résistent à l'extension beaucoup plus que les fibres d'élastine. Leur module d'élasticité est compris entre $30\ 10^5$Pa et $100\ 10^5$ Pa. En fait, elles ne sont sollicitées qu'en partie à partir d'un degré d'extension, le nombre de fibres sollicitées dépendant de la pression.

Disposées en boucle lâche pour former un manchon protecteur, les fibres de collagène sont responsables du comportement non linéaire de la paroi (Fig.1.8-11).

Les muscles lisses, sont répartis dans la média, on les retrouve pratiquement dans toutes les artères mais sont de plus en plus abondants dans les artères de moyens calibre (fémorale, iliaques, carotides). Leur fonction consiste à produire une tension active, par contraction sous contrôle physiologique. Il s'en suit un changement du diamètre de l'artère qui modifie la répartition du débit cardiaque en fonction des besoins de la région.

Les différentes propriétés élastiques des matériaux constituant les parois des artères, font que globalement elles ont un comportement mécanique viscoélastique et non linéaire. Ainsi pour quantifier ce pouvoir de distensibilité, plusieurs paramètres et modèles ont été établis.

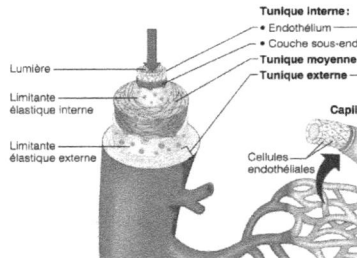

Figure 1. 8 : Les différentes couches de la paroi des artères.

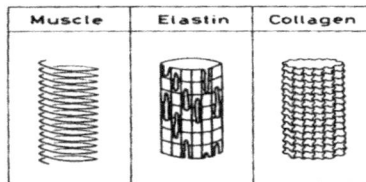

Figure 1. 9 : Disposition des fibres élastiques et musculaires.

I.2.2 Modèle mécanique de la paroi

La loi de Hooke [23,62], est une théorie élastique linéaire qui se base sur l'isotropie et l'incompressibilité de la paroi artérielle (coefficient de poisson égal à ½), elle s'écrit sous la forme suivante :

$$\sigma = E.\varepsilon \tag{1.1}$$

où E est le module d'élasticité, σ la contrainte de déformation et ε la déformation. Bien que cette loi, nous éclaire, dans une première approximation, sur le comportement mécanique de la paroi, elle s'avère assez simpliste dès lors que l'on veut modéliser la paroi artérielle à des fins de diagnostic. La paroi vasculaire, comme nous l'avons présenté précédemment est composée de plusieurs matériaux de comportement élastique différent qui se déforment de manière passives ou actives sous l'effet de la pression sanguine. Ainsi, pour une meilleure représentativité du comportement mécanique globale de la paroi, différents modèles ont été développés :

Le modèle de Kelvin Voigt [4,23], du premier et deuxième ordre a été établit pour un matériau viscoélastique. Il tient compte du caractère viscoélastique des artères et de leur inertie grâce à l'introduction, d'un module visqueux η, au même titre que les liquides et d'un module de masse M. La masse des parois étant non négligeables :

$$\sigma = E.\varepsilon + \eta.\frac{d\varepsilon}{dt} + M.\frac{d^2\varepsilon}{dt^2} \tag{1.2}$$

Ce modèle est en accord avec la réalité physiologique, en montrant un comportement différent à la diastole et à la systole, qui est représentée, sur la courbe pression déformation, par une boucle d'hystérèse, que ne reproduit pas la loi de Hooke. Toute fois, le modèle de Kelvin Voigt est relatif à un matériau pur, d'où le modèle de Cox qui permet de caractériser le comportement non linéaire de la paroi vasculaire induit par l'hétérogénéité des matériaux qui la constitue.

Le modèle de Cox [26], définit un module d'élasticité globale de la paroi qui dépend évidemment des modules d'élasticité des fibres d'élastine et de collagène mais surtout de la pression. En effet les fibres de collagène sont recrutées en partie ou totalement selon la pression régnant dans l'artère :

$$E = Ee + Ec.fc \tag{1.3}$$

Où Ee et Ec sont respectivement les modules d'élasticité de l'élastine et du collagène et fc est la fonction de recrutement des fibres de collagènes données en pourcentage Fig. 1 [29].

Modélisation dans le domaine fréquentiel, un module d'élasticité complexe est défini tenant compte de la fréquence d'excitation du matériau, sous la forme suivante :

$$E^* = E_{réel}(\omega) + jE_{im}(\omega) \tag{1.4}$$

avec, ω la pulsation de l'excitation. La partie réel $E_{réel}$ qui est la composante en phase avec la déformation rend compte du caractère élastique de la paroi. Elle est appelée module d'accumulation. La partie imaginaire E_{im} déphasée de $\pi/2$ par rapport à la déformation, correspond au caractère visqueux. Elle est appelée module de perte. Les substances viscoélastiques ont un module E^* qui augmente avec la fréquence (tube plastiques). Plusieurs travaux ont montré [14,37] que pour les parois des artères, E^* augmente de façon notable, uniquement, pour la gamme de fréquences de 0 à 2 Hz. Au dessus de ces fréquences, il est pratiquement constant.

Le caractère élastique de la paroi fait que, l'onde générée par le cœur se propage avec une célérité finie, contrairement à un tube rigide, évitant ainsi la génération d'onde de type, onde de choc, pouvant avoir des conséquences néfastes sur la paroi des vaisseaux (rupture). Cependant, l'évolution de la rhéologie du sang et de la paroi ainsi que celle de sa géométrie va modifier la propagation des ondes tout au long du système artérielle et imposer la charge vis-à-vis de laquelle la pompe cardiaque devra faire face. D'où la nécessité d'évoquer brièvement, les différentes approches déjà développées pour l'étude de la propagation.

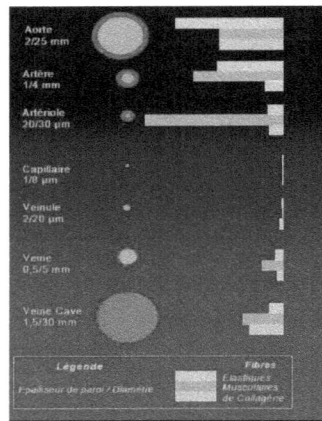

Figure 1. 10 : Importances relatives des différents matériaux composants la paroi vasculaire

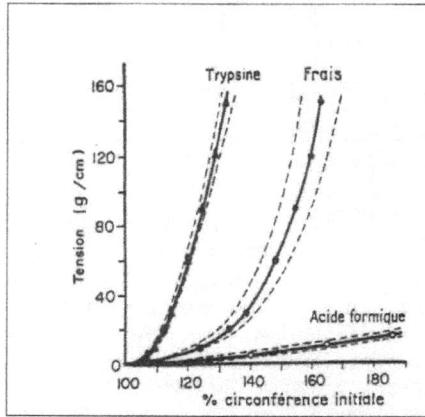

Figure 1. 11 : Courbe tension – déformation circonférentielle. D'une artère avant et après dégradation sélective du   collagène   ou de l'élastine [73, 90]

II Propagation dans le système artériel

II.1 Vitesse de propagation dans le système artériel.

Sous l'effet de la variation de la pression au cours du cycle cardiaque, les parois des artères subissent des déformations dans les trois directions principales du repère du système de coordonnées cylindrique (r, φ, z). On définit ainsi, trois modes de propagation, qui sont respectivement, le mode radial, torsionnel et longitudinal.

Mode radial, ce mode qui est associé à un déplacement radial de la paroi est le plus important dans le système artériel, et donc le plus étudié. En fait, dés 1808 Thomas Young s'est intéressé à la détermination de la vitesse de propagation avec la publication d'un article dans le "Cronian Lecture" [104]. Dans cette publication, il donna une première détermination de la vitesse de propagation des ondes de pression dans un liquide incompressible contenu dans un tube élastique. Il intitula, cette vitesse "The water hammer speed", équation (1.5), Water hammer signifiant en anglais le coup de bélier. Ce n'est que plus tard que l'expression de la vitesse de propagation fut établie sous sa forme mathématique définitive avec les travaux des frères Weber en 1850 [96] et ceux de Moens et Korteweg en 1878 [49] (équation 1.6).

$$c_0 = \sqrt{\frac{V}{\rho} \frac{\partial P}{\partial V}}$$

(1.5)

$$c_0 = \sqrt{\frac{E \cdot h}{2\rho R}}$$

(1.6)

Dans ces équations ρ représente la masse volumique du fluide, R le rayon moyen du tube, E la module d'Young, h l'épaisseur de la paroi du tube, P la pression exercée par le fluide sur les parois du fluide et V le volume du fluide. La quantité $D = \dfrac{\partial V}{\partial P}$ représente la distensibilité où la compliance de la paroi. On remarque, dans ces expressions, l'étroite relation entre la vitesse de propagation et le comportement élastique de la paroi, sachant que l'élasticité des artères joue un rôle important dans la fonction cardio-vasculaire et que la structure des parois subit de profondes modifications selon les conditions physiopathologiques. On dispose donc ici d'un paramètre clinique de mesure indirecte de l'élasticité des parois vasculaires. Le module d'élasticité et la compliance ne pouvant pas être mesurés directement, d'où l'enthousiasme des hémodynamiciens pour la détermination de la vitesse de propagation de l'onde de pression dans le système artériel. Cependant, la vitesse de Moens Korteweg, a été établie avec des conditions très restrictives qui n'en donnent qu'une évaluation grossière. En effet, on a considéré, un mouvement radial des parois d'amplitude faible devant le rayon du conduit, se propageant dans un tube infiniment long de comportement mécanique, élastique linéaire. Par ailleurs la paroi a été assimilée à une membrane fine, incompressible. Si l'hypothèse de l'élasticité est vérifiée au niveau des gros troncs artériel (aorte) il n'en reste pas moins qu'au niveau des moyennes et petites artères, le caractère viscoélastique est relativement important, d'où la dispersion des ondes et la dépendance de la vitesse de propagation avec la fréquence, dans de telles régions. Par ailleurs, l'hypothèse inhérente à l'amplitude n'est plus valable dés lors que l'on s'intéresse aux larges artères (aorte) où les déformations radiales sont importantes. Néanmoins, l'expression de Moens Korteweg reste une référence clinique dans la mesure où elle permet d'en donner une valeur approchée.

Mode longitudinal (ou axial), ce mode a été décrit par Lamb en 1969, d'où son appellation "mode de Lamb". C'est une onde de compression dans la paroi qui correspond à un mouvement longitudinal. Il se propage à une vitesse c_L beaucoup plus importante que celle du mode radial. Ce mode a été étudié par Anliker, Moritz et Ogden (1968) [3]:

$$c_L = \sqrt{\frac{E}{(1-\sigma^2)\rho_p}}$$

$$(1.7)$$

avec, σ le coefficient de poisson. σ est le rapport entre les déformations transversale et longitudinale, où la direction longitudinale est celle de l'effort appliqué. Il est égal à 0,5, pour un matériau isotrope et parfaitement incompressible. ρ_p est la masse volumique du matériau qui constitue la paroi. L'expression de c_L a été établie pour un fluide parfait et un conduit purement élastique.

Mode torsionnel, ce mode correspond à une onde qui se propage dans la direction tangentielle conduisant à une torsion de la paroi. Ce mode qui a été essentiellement étudié par Klip (1964) et Van Loon (1967) [48] est associé à la mise en cisaillement de la paroi. La vitesse de propagation c_T qui correspondant à ce mode s'écrit, pour un fluide parfait contenu dans un tube élastique, de la manière suivante :

$$c_T = \sqrt{\frac{E}{(1+\sigma)^2 \rho_p}}$$

(1.8)

La vitesse de propagation semble donc être un paramètre d'intérêt que les cliniciens essayent de mesurer sous l'appellation vitesse d'onde de pouls. Elle représente pour eux, une référence de l'état de santé du système cardiovasculaire. Cependant, elle est déterminée à partir de méthodes simples (méthode de pied à pied), qui ne permettent pas de l'évaluer avec précision. En effet, le système artériel n'est pas constitué d'un conduit infini, mais comme nous l'avons précisé plus haut, de plusieurs conduits, de diamètre variable, interconnectés et présentant des bifurcations Fig1.1, alors que les propriétés rhéologiques non linéaires des parois, Fig. 1.10 et du sang, tableau 1.1, évoluent au fur et à mesure du parcours de l'onde de pression pour moduler profondément l'onde incidente. Ainsi, l'onde de pression (débit, vitesse) mesurée par les différentes techniques utilisées en diagnostic clinique est une onde atténuée distordue par les différentes sources de non linéarité et par les réflexions multiples. Aussi, selon le site de mesure les ondes de pression et de vitesse auront une allure différente, qu'elles soient mesurées dans l'aorte, la carotide, la fémorale ou l'iliaque… Fig. 1.2. On constate un raidissement du front d'onde et l'augmentation de l'amplitude de pression dans les   grandes artères qui s'accompagne d'une diminution de celle de la vitesse du fluide au fur et à mesure de sa progression le long de son parcours complexe. Par ailleurs, Les singularités continues (conicité) vont constituer autant de sites de réflexions pour l'onde incidente, auxquelles s'ajoute la résistance terminale, induite par les lits vasculaires périphériques qui constituent la principale source de réflexion. Ce parcours complexe qui modifie profondément l'allure de l'onde de pression incidente, rend difficile l'évaluation de la vitesse de propagation.

II.2 Réflexions de l'onde de pression dans le système artériel

La plupart des travaux effectués dans ce domaine concerne principalement l'influence des réflexions sur l'onde de pression. Aussi plusieurs approches ont été développées pour séparer l'onde résultante en ces diverses composantes réfléchie et incidente afin de caractériser ces réflexions (sites de réflexions et amplitude). Les précurseurs dans ce domaine sont Hamilton et Remington [38-39]. Ils caractérisent les réflexions à partir d'une analyse temporelle de l'allure de l'onde de pression et de débit, en indiquant que l'onde de pression est entièrement réfléchie par le lit vasculaire périphérique, ne pouvant séparer l'onde incidente de l'onde réfléchie. Plus tardivement, les travaux du mathématicien Womersley [99-100] et du physiologiste McDonald [59] ont pu établir, à partir du concept d'onde progressive, une relation entre la pression et le débit moyennant une analyse de Fourier. Bien que cette approche se base essentiellement sur l'aspect linéaire de l'écoulement, hypothèse assez restrictive, ils utilisent une approche globale qui se base sur la notion d'impédance. L'impédance vasculaire exprime le rapport soit, entre la pression pulsatile et le débit où soit le rapport avec la vitesse dans une artère. Elle est déterminée pour chaque harmonique constituant le signal de pression et de débit obtenue après une analyse de Fourier. Cette grandeur qui est une valeur complexe dépendant de la fréquence, a permis d'étudier les réflexions du lit vasculaire, de déterminer les différents sites de réflexion, d'examiner les effets d'une vasodilatation ou d'une vasoconstriction sur la pression moyenne et le pouvoir de distension de l'artère et finalement de considérer   les effets de la dispersion artériolaire. En effet, certain travaux [89-90] rapporte que l'interprétation de la variation de l'amplitude de l'impédance en fonction de la fréquence procure des informations quand à l'importance du rôle joué par ces différents facteurs, dans la formation de l'onde retour. En effet, l'impédance présente un maximum à la fréquence nulle (composante résistive obtenue à partir du rapport entre la pression moyenne et le débit moyen)   pour décroître rapidement lorsque la fréquence augmente jusqu'à un minimum dont la fréquence dépend de la proximité des terminaisons artérielles. Lors de cette décroissance on observe des fluctuations de l'impédance, qui dépendent du degré de dispersion des sites distaux de réflexion.

Ainsi, ces travaux indiquent que ce sont principalement, les artérioles qui sont responsables à 80% des réflexions, alors que celles dues aux embranchements ou aux bifurcations n'en représentent que 2%. En effet les artérioles sont le siège d'une grande résistance à l'écoulement du fait de leur longueur relativement importante, de leur faible diamètre et surtout de la grande viscosité sanguine. Tout ce qui vient d'être cité contribue à une baisse sensible de la pression moyenne qui était pratiquement constante en amont. Ils soulignent, par ailleurs, que la modification de la compliance artérielle influe peu sur l'impédance, alors que les effets de drogues vasodilatatrice et vasoconstrictrice qui agissent sur la distensibilité des artérioles et capillaires, en diminuent ou augmentent la composante résistive de manière notable.

Ce dernier résultat montre donc les limites de cette approche qui ne peut évaluer l'influence d'une modification d'élasticité pariétale sur l'écoulement au niveau des artères centrales, qu'elle soit physiologique ou pathologique. En effet, ces différents modèles utilisent une approche linéaire en considérant la propagation d'ondes de faibles amplitudes dans des tuyaux élastiques. Ils indiquent l'influence du rôle prédominant de la rhéologie pariétale sur les vitesses de propagation et l'atténuation qui conditionne l'onde de réflexion (amplitude plus ou moins importante, arrivée plus tardive où plus tôt). Cependant lorsque l'on s'intéresse aux artères centrales les ondes qui se propagent sont de grandes amplitudes. Les modèles utilisés doivent alors prendre en compte le caractère élastique non linéaire du matériau ainsi que le caractère non linéaire de l'écoulement.

III Régime d'écoulement

Comme nous l'avons précisé plus haut, la grande circulation artérielle est caractérisée principalement par son caractère instationnaire – quasi périodique correspondant à l'éjection du sang par le ventricule gauche. Dans ces conditions, un paramètre de fréquence dit de Womersley est défini afin de déterminer le régime d'écoulement à même titre que le nombre de Reynolds $Re = \dfrac{U_d D}{\nu}$ en régime permanent. Ce paramètre de fréquence donné par l'expression suivante, $\alpha_n = R\sqrt{\left(\dfrac{\omega_n}{\nu}\right)}$, est déterminé pour chaque pulsation ω_n (ou fréquence) constituant le signal cardiaque, où R représente le rayon interne du vaisseau, ν la viscosité cinématique, U_d la vitesse moyenne et D le diamètre du vaisseau sanguin. α_n représente le rapport entre les forces inertielles instationnaires liées à l'accélération locale, aux forces visqueuses, qui déterminent le mouvement pour une échelle de temps égale à la période d'oscillation. Ce paramètre est très intéressant dans la mesure où il peut nous informer sur la structure de l'écoulement induite par les deux phénomènes en compétition qui sont le phénomène instationnaire et la diffusion visqueuse. Selon la manière dont il est présenté on peut en effectuer différentes interprétations :

- $\alpha = \sqrt{(\text{Re} \cdot \text{St})}$ $\quad \alpha = \sqrt{(\text{Re}.\,\text{St})}$ où $\text{St} = \dfrac{fD}{\nu}$ $\text{St} = \dfrac{fD}{\nu}$ est le nombre de Strouhal, f étant la fréquence. Il indique ici l'épaisseur relative de la couche limite instationnaire par rapport à celle en écoulement stationnaire.

- $\alpha = \sqrt{\dfrac{R^2/\nu}{1/\omega}}$ $\quad \alpha = \sqrt{\dfrac{R^2/\nu}{1/\omega}}$ rapport de temps caractéristiques qui sont le temps de diffusion visqueuse $\dfrac{R^2}{\nu}$ $\dfrac{R^2}{\nu}$ et la période d'oscillation $\dfrac{1}{\omega}$.

- $\alpha = \dfrac{R}{\sqrt{\dfrac{\nu}{\omega}}}$ $\alpha = \dfrac{R}{\sqrt{\dfrac{\nu}{\omega}}}$ rapport de longueurs qui sont, R le rayon du conduit, grandeur de référence de l'écoulement et $\sqrt{\dfrac{\nu}{\omega}}$ $\sqrt{\dfrac{\nu}{\omega}}$ l'épaisseur de fluide affectée par la diffusion visqueuse au cours d'une pulsation.

Ainsi un écoulement sera considéré comme quasi-stationnaire si $\alpha \leq 1$ et instationnaire pour $\alpha > 1$. Au niveau du système artériel (diamètre supérieure à 2 mm), les valeurs de ce paramètre varie de 2 à 28, tableau 1.1, conférant au profil des vitesses des allures fortement différentes, allant du profil parabolique type poiseuille au niveau des petites artères, au profil très plat au niveau des larges troncs aortiques [59].
Pour examiner la forme de l'écoulement dans la grande circulation artérielle, notre région d'intérêt, il suffit de discuter sur la valeur de α en se basant sur des considérations temporelles et/ou dimensionnelles (rapport de longueurs). En effet, dans ce type d'artère α étant plus grand que 5, il vient que le temps de diffusion visqueuse est beaucoup plus grand que la période de pulsation. Cela signifie que les phénomènes visqueux ont un temps d'établissement très supérieur à la pulsation de l'écoulement, d'un rapport de α^2, et n'interviennent que de manière marginale dans la dynamique de l'écoulement. Aussi d'un point de vue dimensionnel, R étant beaucoup plus grand que l'épaisseur de fluide affectée par la diffusion visqueuse au cours d'une

pulsation, l'écoulement au sein du vaisseau se fera de manière solide avec un mouvement en bloc du fluide. Dans ces conditions, le profil des vitesses sera plat sur une large portion centrale du tube, zone où les effets visqueux n'auront pas le temps de se propager. On retrouvera tout de même de fort gradient de vitesse à la paroi en raison des conditions d'adhérences à la paroi du fluide (fig1.12).

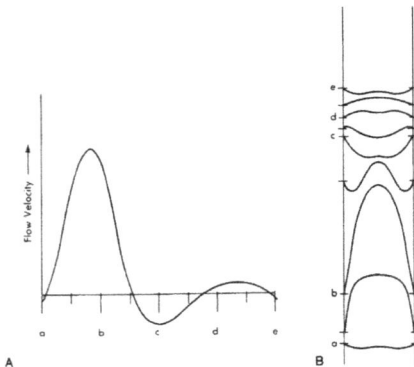

Figure1. 12 : (A) Flow velocity waveform in a normal femoral arterial flow. (B) The velocity profiles are obtained from the analysis given by Womersley for pulsatile flow in a straight, rigid tube.Various velocity profiles are evident through the cardiac cycle. Lower velocity at the wall is the first to reverse direction.

IV. Conclusion

Le système physique que constitue le système cardiovasculaire est donc complexe, que ce soit par son contenu (le sang), par son contenant (les vaisseaux) ou par la source générant l'écoulement (le cœur). En effet, ce système n'est pas inerte. Il évolue d'une part instantanément et spatialement, d'autre part il est tributaire des conditions physiopathologiques. Considérer ce système en tant que système physique semble pertinent dans la mesure où les grandeurs physiques relatives à ce système comme la pression, le débit la vitesse, le gradient de pression... peuvent être reliées aux différents caractéristiques physiques qui permettent de décrire le système artériel. Cette description contribuera, en complément des données cliniques classiques, d'en donner une interprétation plus précise. On peut donner comme exemple, le module d'élasticité des parois des vaisseaux, qui ne peut être mesuré directement mais dont la détermination permettrait de diagnostiquer l'état de l'artère.

Les techniques de diagnostics, sur lesquels se basent nos modèles, sont des techniques non intrusives qui n'interagissent pas sur l'écoulement. Elles donnent donc, par conséquent, des mesures plus précises. De plus, elles sont non sanglantes pour le patient et donc moins dangereuses comparées à la méthode du cathéter. Ainsi, avant d'exposer les différents modèles développés dans le cadre de notre recherche, nous allons décrire ces différentes techniques de diagnostics atraumatiques, à savoir la vélocimétrie doppler ultrasonore et l'IRM de flux.

Chapitre 2

MODELE LINEAIRE POUR LA DETERMINATION DES CARATERISTIQUES PROPAGATIVES

La détermination des paramètres caractérisant la propagation de l'onde de pression (débit, vitesse), la vitesse de propagation et le coefficient d'atténuation, revêt une importance majeure en clinique cardiovasculaire. Ces deux grandeurs étroitement liées au comportement rhéologique de la paroi artérielle et dans une moindre importance à celle du sang (Chapitre 1) fait que leur évaluation permettrait de déterminer l'état élastique des parois des artères dans des conditions normales ou pathologiques. En physiques ondulatoires, la vitesse de propagation et le coefficient d'atténuation de l'onde considérée, peuvent être regroupés dans un terme appelé, communément, nombre d'onde k complexe, et coefficient de propagation γ par les hémodynamiciens.

L'objectif de ce travail est donc de proposer un modèle le plus simple et le plus réaliste possible, permettant de déterminer, de manière explicite, le coefficient de propagation à partir de grandeurs hémodynamiques mesurées par des techniques non invasives comme l'échographie Doppler ultrasonore ou l'IRM de flux. Ces grandeurs sont la vitesse au centre, mesurée de manière précise, et le rayon du vaisseau instantané.

Dans ce chapitre, nous présenterons les modèles et les résultats obtenus dans le cadre d'une thèse soutenue en 2008. Ces modèles qui se basent sur une résolution linéaire de l'équation de Navier-Stokes, applicable uniquement à la circulation sanguine dans les petites artères ont bénéficié d'une validation expérimentale.

27

I. Résolution de l'équation de Navier-Stokes linéarisée

I.1 Equations locales de mouvement du sang dans les artères

Les équations qui régissent l'écoulement d'un fluide réel incompressible sont l'équation de continuité et l'équation de la dynamique des fluides visqueux et incompressibles : équation de Navier-Stokes:

$$\begin{cases} \operatorname{div}(\vec{V}) = 0 \\ \rho \dfrac{d\vec{V}}{dt} = -\overrightarrow{\operatorname{grad}}(P) + \eta \Delta \vec{V} \end{cases} \tag{3.1}$$

Avec, $\vec{V}$ est le vecteur vitesse, P la pression, η la viscosité dynamique et ρ la masse volumique. Comme nous l'avons en partie précisée dans le chapitre 1, l'écoulement dans les artères présente les caractéristiques suivantes:

1) Le comportement du sang dans les artères peut être considéré comme newtonien ; ainsi la viscosité du sang peut être supposée constante (indépendante des taux de cisaillement).

2) L'écoulement est bidimensionnel, les artères étant des conduits à géométrie cylindrique, rectilignes de paroi déformable. Par conséquent, le vecteur vitesse $\vec{V}$ a deux composantes dans le système de coordonnées cylindrique, une composante radiale U (t, r, z) et une composante longitudinale W(t, r, z).

3) Le régime d'écoulement est en majorité laminaire sauf dans des cas particuliers, au niveau de la crosse aortique au moment du pic systolique ou dans certains cas pathologiques.

4) Les ondes de pression et de débit sont quasi périodiques et de même période que le cycle cardiaque. Ils pourront donc être représentés par leurs différents harmoniques obtenues par analyse de Fourier. Les travaux antérieurs ont montrées que dix harmoniques suffisent pour représenter correctement les signaux physiologiques.

En projection dans le système de coordonnées cylindriques, les équations (3.1) donnent le système d'équations suivant :

$$\begin{cases} \dfrac{1}{r}\dfrac{\partial}{\partial r}(rU)+\dfrac{\partial W}{\partial z}=0 \\[2mm] \rho\left(\dfrac{\partial U}{\partial t}+U\dfrac{\partial U}{\partial r}+W\dfrac{\partial U}{\partial z}\right)=-\dfrac{\partial P}{\partial r}+\eta\left[\dfrac{\partial^2 U}{\partial r^2}+\dfrac{1}{r}\dfrac{\partial U}{\partial r}+\dfrac{\partial^2 U}{\partial z^2}-\dfrac{U}{r^2}\right] \\[2mm] \rho\left(\dfrac{\partial W}{\partial t}+U\dfrac{\partial W}{\partial r}+W\dfrac{\partial W}{\partial z}\right)=-\dfrac{\partial P}{\partial z}+\eta\left[\dfrac{\partial^2 W}{\partial r^2}+\dfrac{1}{r}\dfrac{\partial W}{\partial r}+\dfrac{\partial^2 W}{\partial z^2}\right] \end{cases} \tag{3.2}$$

Pour un écoulement périodique de faible amplitude dans un conduit cylindrique souple, tel que la longueur d'onde est beaucoup plus grande que le rayon des vaisseaux (petites artères) et que la vitesse de propagation est beaucoup plus grande que la vitesse d'écoulement, le système (3.2) peut se linéariser sous la forme suivante :

$$\begin{cases} \dfrac{1}{r}\dfrac{\partial}{\partial r}(rU)+\dfrac{\partial W}{\partial z}=0 \\[2mm] \rho\dfrac{\partial U}{\partial t}=-\dfrac{\partial P}{\partial r}+\eta\left[\dfrac{\partial^2 U}{\partial r^2}+\dfrac{1}{r}\dfrac{\partial U}{\partial r}-\dfrac{U}{r^2}\right] \\[2mm] \rho\dfrac{\partial W}{\partial t}=-\dfrac{\partial P}{\partial z}+\eta\left[\dfrac{\partial^2 W}{\partial r^2}+\dfrac{1}{r}\dfrac{\partial W}{\partial r}\right] \end{cases} \tag{3.3}$$

I.2 Résolution de l'équation de Navier-Stokes : Solutions de Womersley.

Les solutions des équations de Navier-Stokes linéarisée (3.3), pour un écoulement pulsé, peuvent s'écrire dans l'espace de Fourier sous la forme suivante, pour la pression et la vitesse et le rayon instantané :

$$P=\overline{P}+\sum P_{0n}\,e^{-a_n z}\,e^{i\left(\omega_n t-\frac{\omega_n}{c}z\right)} \tag{3.4}$$

$$U=\sum U_{0n}\,e^{-a_n z}\,e^{i\left(\omega_n t-\frac{\omega_n}{c}z\right)} \tag{3.5}$$

$$W=\overline{W}+\sum W_{0n}\,e^{-a_n z}\,e^{i\left(\omega_n t-\frac{\omega_n}{c}z\right)} \tag{3.6}$$

$$R_{0_n}=\overline{R}+\sum R_{0_n}\,e^{-a_n z}\,e^{i\left(\omega_n t-\frac{\omega_n}{c}z\right)} \tag{3.7}$$

a_n et ω_n, sont respectivement, le coefficient d'atténuation et la pulsation du nième harmonique. Ainsi le coefficient de propagation relatif au nième harmonique s'écrit :

$$\gamma_n=a_n+i\dfrac{\omega_n}{c} \tag{3.8}$$

Les solutions d'un tel système d'équation (3.3), conformément à la résolution de Womersley [98-101], ne peuvent être décrites que si l'on écrit les conditions aux limites :

$$U(R,z,t) = \frac{\partial R}{\partial t}, \quad W(R,z,t) = 0 \quad , \quad U(0,z,t) = 0, \quad \left.\frac{\partial W}{\partial r}\right|_{r=0} = 0 \qquad (3.9)$$

R (z, t) est le rayon interne des vaisseaux fonction de z et t du fait des déformations radiales. Les deux premières conditions reflètent, le fait, que les mouvements longitudinaux de la paroi artérielle sont négligés ce qui est largement justifiées dans les travaux de Carew et al [19] et Patel et al [74]. En émettant l'hypothèse que la pression ne dépend pas de la coordonnée radiale [36], on peut exprimer la vitesse radiale et longitudinale de la manière suivante:

$$U_{0n} = -\frac{P_{0_n}\gamma_n^{\,2}}{i\omega_n \rho} \frac{\overline{R}J_0\left(\overline{R}\gamma_n\right)}{2} \left[\frac{2J_1\left(\alpha_n i^{3/2} y\right)}{\alpha_n i^{3/2} J_0\left(\alpha_n i^{3/2}\right)} - \frac{2J_1\left(\overline{R}\gamma_n y\right)}{\overline{R}\gamma_n J_0\left(\overline{R}\gamma_n\right)} \right] \qquad (3.10)$$

$$W_{0n} = \frac{\gamma_n P_{0_n}}{i\omega_n} \left(J_0\left(\gamma_n \overline{R}y\right) - \frac{J_0\left(\alpha_n i^{3/2} y\right)J_0\left(\gamma_n \overline{R}\right)}{J_0\left(\alpha_n i^{3/2}\right)} \right) \qquad (3.11)$$

J_0 et J_1 sont les fonctions de Bessel de $1^{\text{ère}}$ espèce d'ordre 0 et 1, $\overline{R}$ le rayon moyen de l'artère et $y = \dfrac{r}{\overline{R}}$ est la coordonnée radiale réduite.

Dans le cas où la longueur d'onde est grande devant le rayon moyen (cas des petites artères) $\gamma r << 1$ ainsi $J_0(\gamma r) \cong 1$ et $J_1(\gamma r) \cong 0$. Ainsi, la nième harmonique de la vitesse longitudinale en fonction de celle au centre $W_{0_n}^0$ s'écrit :

$$W_{0n} = W_{0_n}^0 \left(\frac{J_0\left(\gamma_n \overline{R}y\right)J_0\left(\alpha_n i^{3/2}\right) - J_0\left(\alpha_n i^{3/2} y\right)}{J_0\left(\alpha_n i^{3/2}\right) - 1} \right) \qquad (3.12)$$

Par intégration du nième harmonique de la vitesse longitudinale sur une section droite du vaisseau on peut calculer, le nième harmonique du débit :

$$Q_{0n} = \frac{\pi.\overline{R}^2.\gamma_n.P_{0n}}{i.\omega_n.\rho}\left(1 - J_0(\overline{R}\gamma_n)\frac{2J_1\left(\alpha_n i^{3/2}\right)}{\alpha_n i^{3/2} J_0\left(\alpha_n i^{3/2}\right)}\right) \qquad (3.13)$$

La nième harmonique du rayon instantanée pouvant être déterminée grâce à l'équation (3.10) et à la condition aux limites sur U :

$$R_{0_n} = \frac{P_{0_n}\gamma_n}{2\rho\omega_n^2}\overline{R}\gamma_n\left[\frac{1}{\alpha_n i^{3/2}}\frac{J_1\left(\alpha_n i^{3/2}\right)}{J_0\left(\alpha_n i^{3/2}\right)} - 1\right] = \frac{P_{0_n}\gamma_n}{2\rho\omega_n^2}\overline{R}\gamma_n\left[G(\alpha_n i^{3/2}) - 1\right] \qquad (3.14)$$

II. Détermination non invasive du coefficient de propagation à partir de mesures en trois sites.

Plusieurs travaux [1, 54, 79, 95] ont été développés pour déterminer le coefficient de propagation. La difficulté de son évaluation réside dans le fait qu'elle nécessite la mesure de grandeurs hémodynamiques en plusieurs sites, ce qui est généralement effectué de manière invasive. En effet, l'onde de pression incidente générée par le cœur va subir le long de son parcours des réflexions multiples du fait de la topologie artérielle, de l'évolution des propriétés rhéologiques des parois des artères et surtout du lit vasculaire périphérique (chapitre 1). Dés lors que l'on tient compte des ondes retour, l'expression mathématique de l'onde de pression devient complexe (eq.3.4), le nombre d'inconnus et donc de sites de mesures augmentant. Pour déterminer γ, une méthode qui utilise la connaissance de la vitesse au centre en trois sites, a donc été développée. En effet, La mesure de la vitesse au centre à l'aide des techniques doppler ultrasonore est très fiable du fait que le signal de vitesse obtenu n'est pas bruité par les effets des parois [12]. Dans ce modèle, un seul site de réflexion a été considéré. Ce site global de réflexion, regroupe les effets de toutes les singularités rencontrés par l'onde de pression au cours de sa propagation en plus de la résistance terminale induite par le lit vasculaire périphérique. En exprimant les grandeurs dynamiques, définies ci-dessus en absence de réflexion, comme suit [79]:

$$P = \overline{P} + P_n \qquad W = \overline{W} + W_n \qquad Q = \overline{Q} + Q_n \qquad R = \overline{R} + R_n$$

Avec

$$P_n = P_{0_n}\left(e^{-\gamma_n z} + K e^{-\gamma_n(2L-z)}\right) \qquad (3.15)$$

$$U_n = U_{0_n}\left(e^{-\gamma_n z} + K e^{-\gamma_n(2L-z)}\right) \qquad (3.16)$$

$$R_n = R_{0_n}\left(e^{-\gamma_n z} + K e^{-\gamma_n(2L-z)}\right) \qquad (3.17)$$

$$W_n = W_{0_n} \left(e^{-\gamma_n z} - K e^{-\gamma_n (2L-z)} \right) \tag{3.18}$$

$$Q_n = Q_{0_n} \left(e^{-\gamma_n z} - K e^{-\gamma_n (2L-z)} \right) \tag{3.19}$$

on peut écrire W_n comme étant la différence d'une onde incidente et réfléchie. Ainsi, aux trois sites équidistants séparés par une distance d, on aura,

-    au point z :

$$W_n(z) = W_n^i(z) - W_n^r(z) \tag{3.20}$$

-    au point z+d

$$W_n(z+d) = W_n^i(z) e^{-\gamma_n d} - W_n^r(z) e^{\gamma_n d} \tag{3.21}$$

-    au point z-d

$$W_n(z-d) = W_n^i(z) e^{\gamma_n d} - W_n^r(z) e^{-\gamma_n d} \tag{3.22}$$

Où la vitesse longitudinale dans l'espace de Fourier sous forme complexe s'écrit :

$$W_n(y,z) = \left[A_{n,w}(y,z) - i B_{n,w}(y,z) \right] \tag{3.23}$$

Ces quatre dernières relations, permettent d'écrire :

$$\cosh(\gamma_n d) = \frac{e^{\gamma_n d} + e^{-\gamma_n d}}{2} = \frac{W_n(z+d) + W_n(z-d)}{2 W_n(z)} \tag{3.24}$$

Soit, en fonction des coefficients de Fourier :

$$\cosh(\gamma_n d) = \frac{\left[A_{n,w}(y,z+d) - i B_{n,w}(y,z+d) \right] + \left[A_{n,w}(y,z-d) - i B_{n,w}(y,z-d) \right]}{2 \left[A_{n,w}(y,z) - i B_{n,w}(y,z) \right]} \tag{3.25}$$

Cette expression est très intéressante car elle montre que seule la mesure de la vitesse au centre permet de déterminer le coefficient de propagation, mesure qui s'effectue de manière atraumatique est donc pratique à réaliser en milieu clinique. Pour valider ces résultats, une simulation théorique a été réalisée en absence et en présence de bruit de manière à se trouver en situation réelle (fig.3.3). Ces bruits peuvent être occasionnés par différentes sources qui sont rencontrées en milieu clinique : Les appareils ont une bande passante différente – difficulté de synchronisation des mesures – mauvais positionnement des sondes – interférence des bruits. Les résultats de ces simulations sont en bon accord avec les données d'entrée. Effectivement, la figure3.4, montre la faible influence des bruits sur la célérité et le coefficient d'atténuation pour les basses fréquences alors qu'aux hautes fréquences on observe leur dispersion par rapport aux données d'entrée. Cette dispersion est essentiellement due au fait que l'amplitude des harmoniques, pour ces fréquences, est du même ordre que ceux générés par le bruit. En effet, pour se placer en situation réelle, les amplitudes des hautes fréquences ont été choisies très faibles par rapport à celle du fondamental ce qui est cohérent avec le contenu spectral des signaux physiologiques, le coefficient d'atténuation étant fortement dépendant de la fréquence.

Cette méthode présente certaines limites, qui sont dues aux inexactitudes intrinsèques des techniques expérimentales et non au modèle lui même. La présence de bruit est une limitation à ce modèle d'autant plus qu'il peut varier d'un site à l'autre. Par ailleurs, il est très difficile de synchroniser les mesures en ces trois sites, de plus, comme nous l'avons précisé plus haut le signal est quasi périodique et donc non répétitif d'un cycle à l'autre. A cela s'ajoute le fait que la longueur du vaisseau ne permet pas souvent de trouver trois sites de mesures. Ainsi, pour s'affranchir de ce problème et toujours dans le cadre de cette thèse un autre modèle a été développé réduisant à deux, les sites de mesures.

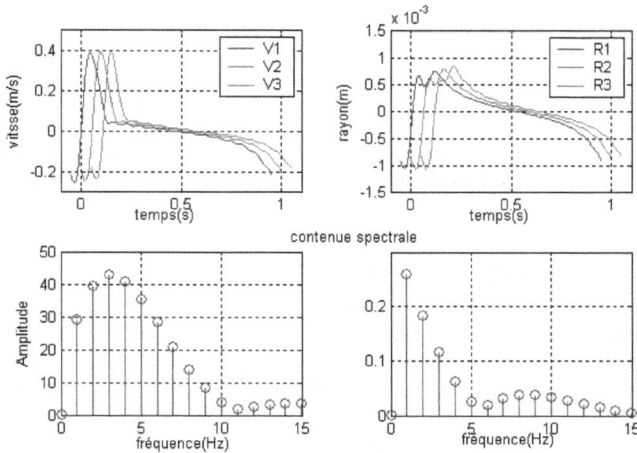

Figure3. 1 : **(Haut) Exemples de signaux vitesses (gauche) et rayons (droite) utilisés dans la simulation. (Bas) contenu spectral des signaux vitesses (gauche) et rayons (droite). Les signaux simulés sont à débit moyen nul**

Bas coefficient de réflexion K=0.35

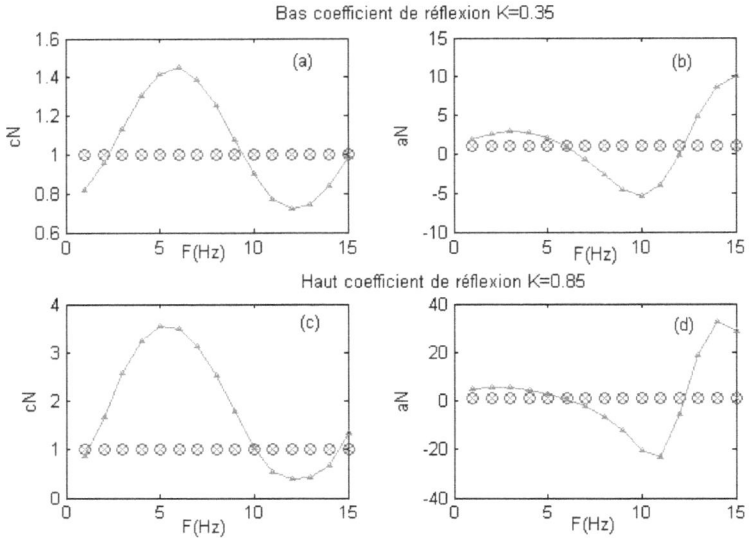

Haut coefficient de réflexion K=0.85

Figure3. 2 : vitesse de phase normalisée (gauche), atténuation normalisée (droite). (o) méthode des trois points vitesses ; (x) méthode des trois points rayons et (▲) méthode apparente.

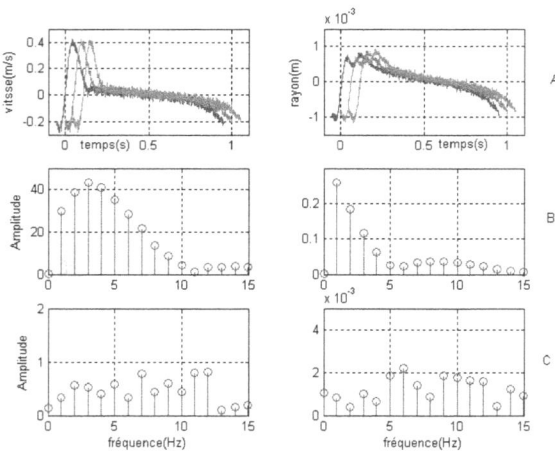

Figure3. 3 signaux vitesses et rayons respectivement aux sites, 1(bleu), 2(vert) et 3(rouge). B : contenu spectral des signaux vitesses (gauche) et rayons (droite). C : contenu spectral du bruit.

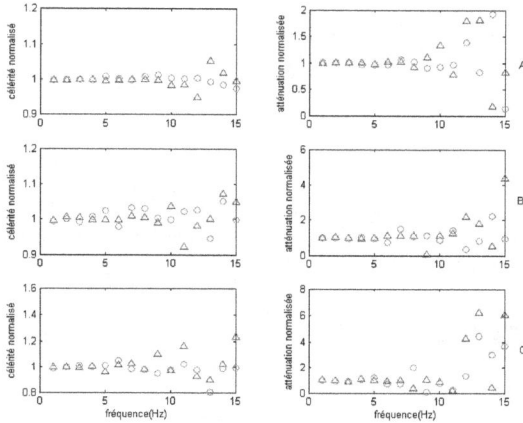

Figure3. 4 : Célérité d'onde normalisée (gauche) et Atténuation d'onde normalisée (droite) obtenue à partir de la vitesse (Δ) et du rayon (o), pour différents degrés de bruit : A : 2%, B : 5%, C : 10%.

III. Détermination non invasive du coefficient de propagation à partir de mesures en deux sites

La méthode des trois sites semble difficile à appliquer sur des vaisseaux de petite longueur de l'ordre de quelques centimètres [50], ainsi pour s'affranchir de ce problème, en diminuant le nombre de sites de mesures à deux, une donnée supplémentaire a été utilisée, à savoir le rayon instantané. Cette méthode a fait l'objet d'une publication [1].

En effet, on peut écrire la vitesse incidente longitudinale [2] en deux points z_1 et z_2 de la manière suivante :

-    En z_1

$$W_{1_n}^i = \frac{1}{2}\left(W_{1_n} + R_{1_n} \frac{W_{0_n}}{R_{0_n}} \right) \qquad (3.26)$$

-    en z_2

$$W_{2_n}^i = \frac{1}{2}\left(W_{2_n} + R_{2_n} \frac{W_{0_n}}{R_{0_n}} \right)$$

$$(3.27)$$

Les équations (3.22) et (3.23) donnent :

$$\frac{W_{1_n}}{R_{1_n}} = \frac{1}{\gamma_n} \frac{2i\omega_n}{\overline{R}} \left[\frac{J_0\left(\alpha_n i^{3/2}\right) - 1}{J_0\left(\alpha_n i^{3/2}\right)\left[1 - G_n\left(\alpha_n i^{3/2}\right)\right]} \right] = \frac{H}{\gamma_n} \tag{3.28}$$

Si $d = z_2 - z_1$, on a
$$W_{2n}^i = W_{1n}^i e^{-\gamma_n d} \tag{3.29}$$

En faisant un développement limité au voisinage de zéro de $e^{\gamma_n d}$ dans l'équation (3.29) puis en utilisant les équations (3.25) et (3.26) on obtient l'équation du quatrième degré à coefficients complexes où l'inconnu est γ_n.

$$\gamma_n^4 \frac{d^3 W_{2n}}{6} + \gamma_n^3 \left(\frac{d^2 W_{2n}}{2} + \frac{d^3 H R_{2n}}{6} \right) + \gamma_n^2 \left(d W_{2n} + \frac{d^2 H R_{2n}}{2} \right)$$
$$+ \gamma_n \left(W_{2n} - W_{1n} + R_{2n} dH \right) + \left(R_{2n} - R_{1n} \right) H = 0 \tag{3.30}$$

Le coefficient de propagation est une solution physiquement acceptable de l'équation (3.29) ; il est déterminé à partir des mesures de la vitesse au centre et du rayon instantané mesuré en deux sites uniquement. Ces mesures peuvent être effectuées de manière non invasive en utilisant les techniques de l'écho - doppler ultrasonore.

Les résultats de la simulation, sont représentés sur les figures 3.5-6. Ils montrent que la méthode développée ne dépend pas du coefficient de réflexion alors que la méthode de détermination traditionnelle (à partir du pied d'onde) dite méthode apparente, est tributaire de ce dernier. On peut citer l'exemple suivant, à la fréquence de 14Hz, le coefficient d'atténuation obtenue par la méthode apparente est dix fois plus grand que celui obtenue à partir du modèle lorsque le coefficient de réflexion K= 0.35. Il est quarante fois plus grand lorsque le coefficient de réflexion est égal à 0.85.

L'influence du bruit, sur le modèle, a été étudiée, en générant différents degrés bruits gaussiens induisant des erreurs de 2%, 5% et 10% sur l'amplitude de la vitesse et du rayon maximal. Les résultats obtenus sont représentés sur les figures 3.7-8. Ils montrent la faible influence du bruit sur la célérité et de l'atténuation sauf pour certaines fréquences critiques, Il est d'autant plus important que les fréquences sont grandes : pour les fréquences supérieures à 7Hz on observe une dispersion de 40% alors que pour les fréquences inférieures elle est inférieure à 7%.

Les figures 3.9-10, montrent que la méthode développée est sensible à la distance d entre les sites de mesures. Plus la distance est faible et plus la dispersion est importante, notamment aux hautes fréquences.

La détermination de γ_n permet d'évaluer la position du site équivalent de réflexion L_{sim} par rapport au premier site de mesure. La connaissance de L_{sim} présente un certain intérêt clinique pour le dépistage d'une occlusion au sein d'une artère. En effet, on montre facilement qu'à partir de la mesure en deux sites et moyennant la connaissance de γ_n, dans le cas d'une occlusion, le coefficient de réflexion K=1 (réflexion totale), on obtient l'expression suivante pour L_{sim} :

$$L_{sim} = \frac{1}{2\gamma_n} Log \left| \frac{W_{2n} - W_{1n}.e^{\gamma_{nd}}}{W_{2n} - W_{1n}.e^{-\gamma_{nd}}} \right|$$ (3.31)

Les résultats de la simulation montrent un bon accord avec les valeurs théoriques, principalement pour les célérités élevés.

Par ailleurs les grandeurs hémodynamiques comme le débit et le gradient de pression peuvent être à leur tour déterminés à partir des équations (3.12) et (3.18) et l'équation suivante pour le gradient de pression :

$$\left(\frac{\partial P}{\partial z}\right)(y) = -\gamma P_0 \left(y\gamma_n \overline{R}\right)$$ (3.32)

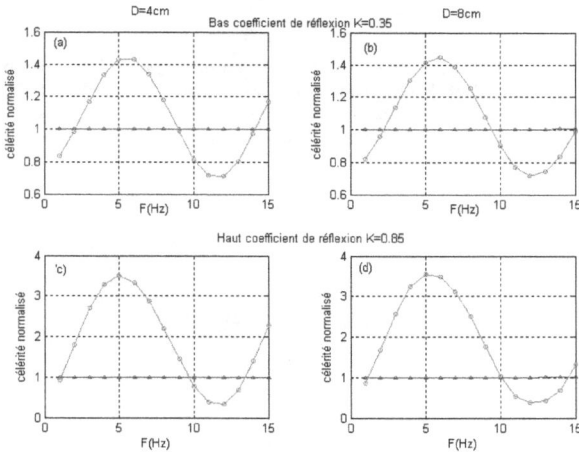

Figure3. 5 : vitesse de phase normalisée en exploitant des mesures pour deux distances inter - transducteurs D=4cm (gauche) et D=8cm (droite), à basse valeur du coefficient de réflexion K=0.35 (haut) et haute valeur du coefficient de réflexion K=0.85 (bas), pour un tube viscoélastique uniforme de longueur L=0.443m : (▲) deux point RV-méthode et (o) méthode apparente.

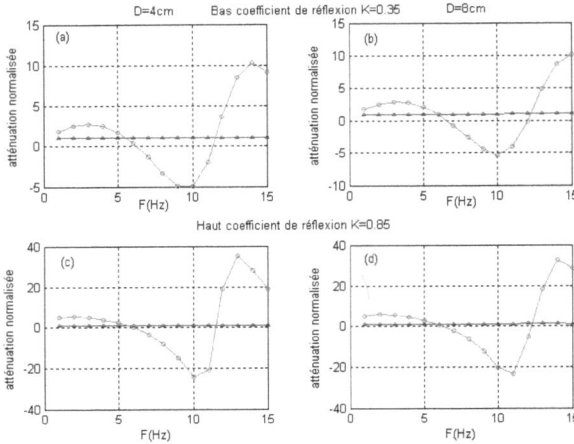

Figure3. 6 : atténuation normalisée en exploitant des mesures pour deux distances entre transducteurs D=4cm (gauche) et D=8cm (droite), à basse valeur du coefficient de réflexion K=0.35 (haut) et haute valeur du coefficient de réflexion K=0.85 (bas), pour un tube viscoélastique uniforme de longueur L=0.443m. a=0.4 (m-1) et C=8.67(m/s) : (Δ) deux points RV-méthode et (o) méthode apparente.

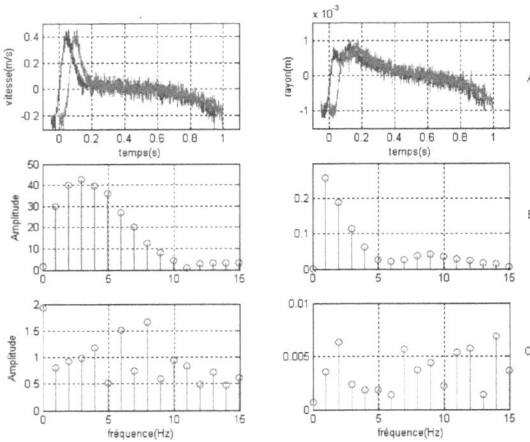

Figure3. 7 : A : signaux vitesses et rayons respectivement aux sites, 1(bleu),2(vert). B : contenu spectral des signaux de vitesses (gauche) et de rayons (droite). C : contenu spectral du bruit (bruit 5%).

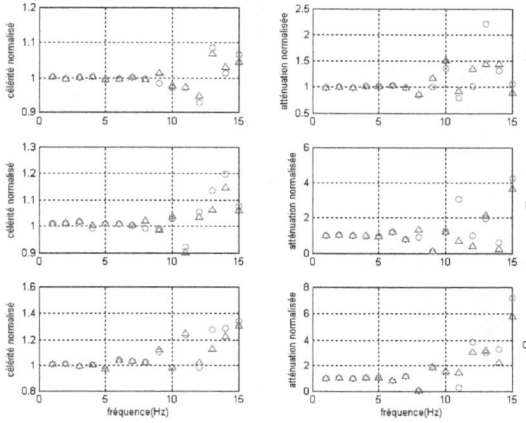

Figure3. 8 : célérité et atténuation d'onde normalisées obtenues par notre RV-méthode pour des distances respective, d=4cm (o) et d=8cm (Δ), pour différents degrés de bruit : A : 2%, B : 5%, C : 10%.

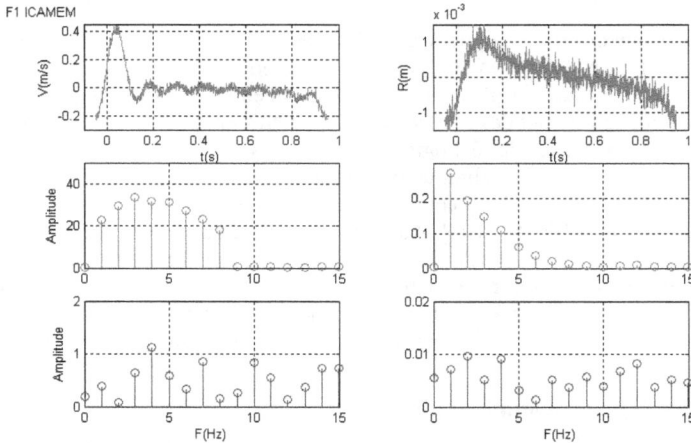

Figure3. 9 : A : Exemples des signaux vitesses et rayons utilisées en simulations. B : contenu spectral des signaux de vitesses (gauche) et de rayons (droite). C : contenu spectral du bruit (bruit 10%).

F2 ICAMEM

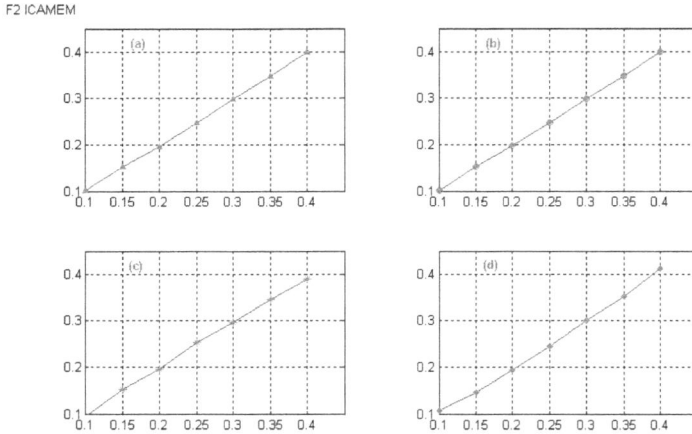

Figure3. 10 : distance du site d'occlusion calculée (*'sim L'*) fonction de la distance théorique(*'th L'*), pour différents degrés de bruit : (a : 0%), (b : 2%), (c : 5%) et (d :10%).

IV Evaluation non invasive de la vitesse de propagation en un seul site de mesure : méthode AU - loop.

Bien que les théories développées dans les travaux sus – indiqué présentent une certaine avancé [2, 16, 94], elles soulèvent le problème majeur, lorsqu'elles ne sont pas invasive, de la mesure en plusieurs sites de grandeurs hémodynamiques. De fait, les artères de petit calibre ont des longueurs qui ne dépassent pas quelque cm de même ordre que le diamètre des sondes échographiques. Il est vrai que la méthode pied à pied est la plus employée en milieu clinique car pratique à utiliser malgré son manque de précision, les cliniciens ayant bien compris que la vitesse de propagation constitue un index de santé artérielle [66, 84, 103]. Aussi, une méthode qui se base sur la mesure de la vitesse au centre et du rayon instantané en un seul site, a été mise en place pour faire face aux différentes contraintes rencontrées in vivo. Cette technique se base sur des mesures qui seraient effectuées de manière non invasive est construite sur la globalisation des différentes sources de réflexion en un seul site situé à une distance effective L.

IV.1 Formalisme mathématique et physique

Si on considère l'expression mathématique de la vitesse de propagation donnée par les frères Weber en 1850 en fonction de la moyenne $\overline{A}$ de la section instantanée A, de la pression instantanée P et de la masse volumique du sang ρ : $c_0 = \sqrt{\dfrac{\overline{A}}{\rho}\dfrac{\partial P}{\partial A}}$ et compte tenu de la théorie de water hammer qui donne la relation entre la pression et la vitesse moyenne d'écoulement en absence de réflexion, $dP = \rho\, c_0\, dU$, on trouve la relation intéressante suivante :

$$\frac{c_0}{A} = \frac{dU}{dA} \tag{3.33}$$

Cette dernière relation montre que la vitesse de propagation c_0 peut être évaluée moyennant la connaissance de la vitesse moyenne sur une section et de la section A elle-même. La vitesse longitudinale s'écrivant.

$$V_n(y,z,t) = V_n(0,z,t)\frac{J_0(z_2 y) - J_0(z_2)}{1 - J_0(z_2)}$$

il vient que :

$$Q_n(z,t) = \frac{\pi R^2 \gamma_n P_{0n}}{i\rho\omega_n}\left(1 - J_0(z_1)\frac{2J_1(z_2)}{z_2 J_0(z_2)}\right)\left(1 - \Gamma e^{-\gamma_n 2L}\right) \tag{3.34}$$

A partir des approximations déjà effectuées dans le paragraphe I le débit peut être exprimé en fonction de la vitesse au centre de la façon suivante :

$$Q(z,t) = \pi \overline{R}^2 \, \text{Re}\left[\sum_1^N V_n(0,z,t)\frac{1 - G_{10}(z_2)}{1 - \frac{1}{J_0(z_1)}} e^{i\omega_n t}\right] \tag{3.35}$$

avec

$$G_{10}(z_2) = \frac{2J_1(z_2)}{z_2 J_0(z_2)} \quad \text{et} \quad z_2 = \alpha i^{1.5}$$

La vitesse moyenne sur une section du conduit et obtenue en effectuant le rapport suivant :

$$U(z,t) = \frac{Q(z,t)}{A(z,t)} \tag{3.36}$$

La vitesse de propagation est donc déterminée à partir de l'évaluation de la pente de la partie linéaire de la courbe représentative $U = f(A)$, qui correspond à l'intervalle de temps initial où le signal de vitesse n'est pas affecté par l'onde de vitesse réfléchie. La courbe $U = f(A)$ représentée pendant un cycle cardiaque forme une boucle, d'où l'intitulé, AU – loop, pour ce procédé de détermination de la vitesse de propagation. Dans le cadre de cette thèse, la méthode AU – loop a été validée expérimentalement.

IV.2 Validation expérimentale de la méthode AU – loop

La méthode AU – loop a été validée sur un banc hydrodynamique qui simule la circulation artérielle et qui comporte les éléments suivants :

- Pompe continue mise en série avec une pompe oscillante qui génère un écoulement pulsé.
- Un conduit homogène de longueur L = 1.3m.
- Un liquide visqueux échogène.

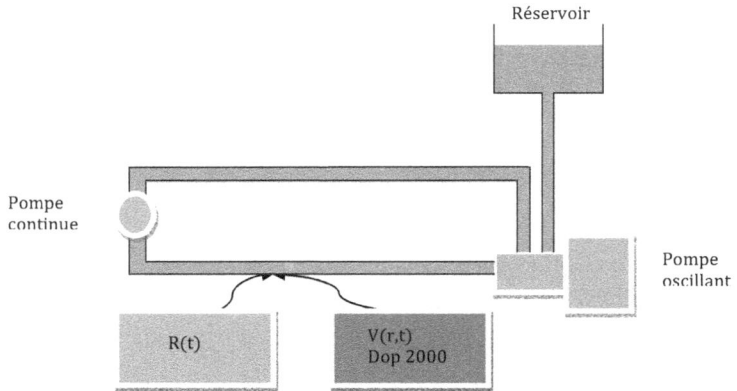

Figure3. 11: banc hydrodynamique

A fin de tester la methode AU – loop par les techniques atraumatiques utilisées en milieu médical, la vitesse est mesurée à l'aide d'un vélocimètre doppler pulsé multiporte (DOP 1000). La sonde utilisée est un transducteur piézoélectrique qui génère des pulses de 8MHz. L'angle θ d'incidence du faisceau ultrasonore est choisi égal à 60°. La mesure du rayon instantané est effectuée au même site que la vitesse par imagerie à l'aide d'une caméra Sony qui permet l'acquisition de 60 images par seconde. Les profils de vitesse et le rayon instantané obtenus dans cette expérience sont représentés sur les figures 3.12 – 13.

Les résultats obtenus par les deux méthodes montrent une certaine convergence à 88%. En effet, la méthode AU – loop donne une valeur de c_0 égale à 8.38m.s^{-1} et celle de pied à pied de 9.5 m.s^{-1} figure 3.14 - 15. Sachant qu'in vivo cette dernière méthode est imprécise, la méthode AU – loop semble très prometteuse en diagnostic clinique mais elle nécessite une mise au point quand à la synchronisation du fonctionnement des appareils de mesure pour les estimations de la vitesse et du rayon instantané.

Cependant, la méthode AU – loop se fonde sur une contrainte majeure qui est la non interférence de l'onde réfléchie avec l'onde incidente en début du cycle cardiaque. Cette hypothèse, qui suppose que chaque période est indépendante de la période suivante, n'est pas toujours réalisée. Dans cette dernière situation, il est nécessaire de procéder à la séparation des ondes allé et retour. Cette séparation a été aussi effectuée dans cette thèse en utilisant le même formalisme que la méthode en deux sites de mesure mais à partir de l'évaluation du rayon instantané et de la vitesse au centre et ce afin de réaliser des mesures uniquement en un seul site [2].

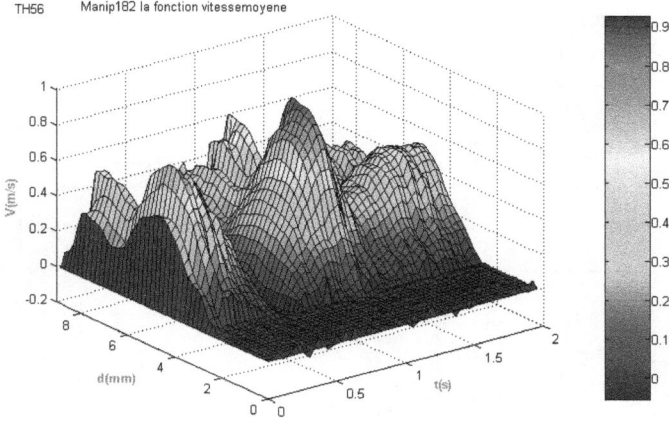

Figure3. 12 Relevé des profils de vitesse $V(d)\,x$ obtenus en fonction de du temps

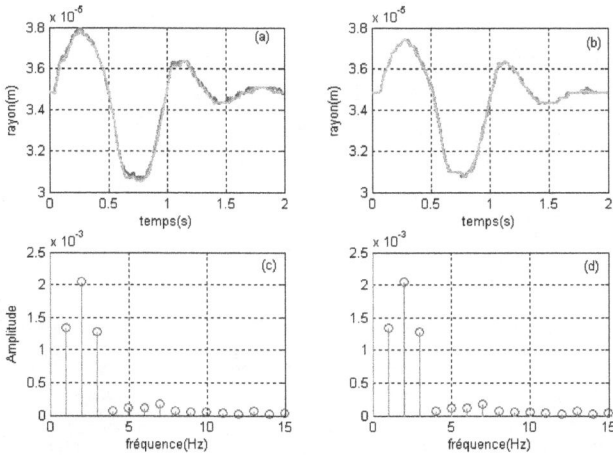

Figure3. 13 : Présentation d'un exemple de l'onde de déplacement radial (4 mesures respectives). En haut les ondes rayon aux sites D=50cm (fig. 1-a) et D=70cm (fig. 1-b) ; En bas le contenu spectral des rayons.

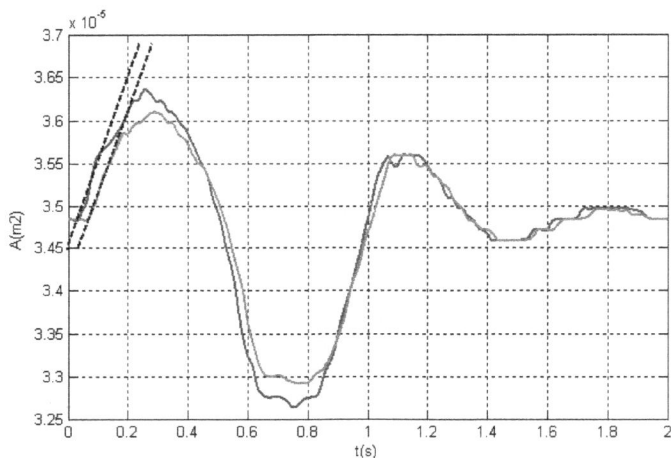

Figure3. 14 : vitesse d'onde mesurée par la méthode pied à pied. Section moyenne mesurée aux site 1 (bleu : d=50cm) et site 2 (rouge : d=80cm). La distance entre ces deux sites est 30 cm. Le décalage δ .t = 33.6 ± 4ms ce qui donne une vitesse d'onde égale à 9.50±0.98 m/s. A(m²)

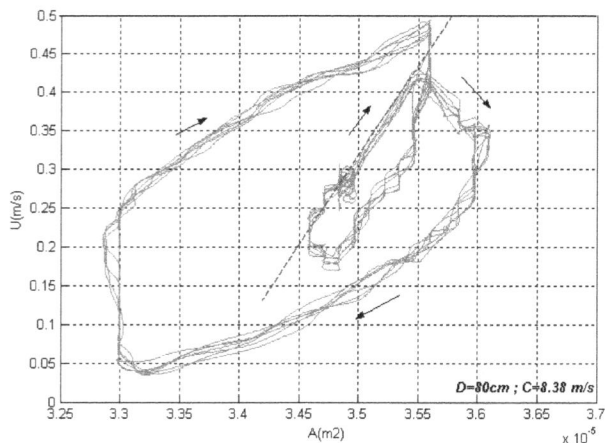

Figure3. 15 : vitesse d'onde mesurée par la AU-loop correspondant à 7 mesures respectives dans le même site. La célérité d'onde obtenue est C=8.38±0.22 m/s.

V. Conclusion

Les modèles qui ont été présentés ont la particularité de s'appuyer sur une théorie simple, ils sont donc facilement applicables en milieu clinique. Surtout si on applique des techniques non invasives comme celles qui se basent sur les ultrasons. La génération de bruits, simulant ceux occasionnés par différentes sources rencontrées en milieu clinique n'affectent pratiquement pas les résultats. Par ailleurs ce modèle peut être appliqué sur des vaisseaux courts de l'ordre de 15 cm. Cependant, ces modèles reposent sur des hypothèses assez restrictives, conduisant à la linéarité de l'écoulement dans les artères. Ces hypothèses ne peuvent être valables qu'au niveau des petites artères où les déformations sont bien inférieurs à 5% et donc les termes convectifs négligeables [46, 55]. Aussi dans le chapitre suivant, nous comptons proposer un modèle hémodynamique pour les moyennes et larges artères.

Chapitre 3

MODELISATION NON LINEAIRE ET SEMI ANALYTIQUE DE L'HEMODYNAMIQUE DES LARGES ARTERES

Dans le chapitre précèdent, un modèle linéaire a été développé pour la détermination du coefficient de propagation γ. La nature pulsatile de l'écoulement du sang dans les artères étant étroitement liée au comportement élastique de la paroi artérielle et à sa géométrie [64,104] ; la détermination de ce paramètre présente donc un intérêt clinique pour le dépistage d'une anomalie qui affecterait la paroi artérielle [1, 54,79, 95]. Cependant, L'allure complexe des ondes de pression, débit, vitesse… mesurées au niveau des larges et moyennes artères, n'est pas uniquement le fait de multiples réflexions qui se superposent à l'onde incidente comme on l'a vu dans le chapitre précédent, mais aussi celle des propriétés élastiques des parois artérielles qui modifient l'allure de l'onde incidente générée par le cœur. Au niveau des grands (aorte) et moyens troncs artériels où les parois des artères sont très élastiques, les déplacements pariétaux sont d'amplitudes finies (non de petit mouvement). Dans ces conditions, il n'est plus possible de négliger les termes convectifs de l'équation de Navier – Stokes. Ces termes étant non linéaires, ils rendent ces équations quasiment insolvables.

Dans ce chapitre, nous proposerons donc un modèle théorique, qui détermine l'influence des termes non linéaire de l'équation de Navier-Stokes, sur le gradient de pression moyen et pulsatile lorsque la pression artérielle systolique augmente comme dans le cas de l'hypertension. Nous montrerons aussi, dans ce travail, les limites du modèle linéaire. Notre approche se base sur un modèle rhéologique réaliste du comportement des parois vasculaires et sur les données de la vitesse instantanée au centre du conduit et de son rayon instantané.

Notre challenge est de proposer une solution semi analytique de l'équation de Navier-Stokes, et de montrer l'influence des termes convectifs et des différents paramètres (c ou E, PAS, α…) sur l'écoulement. Cette étude permettra de déployer des méthodes de diagnostics non invasives qui se basent essentiellement sur la vélocimétrie doppler ultrasonore. Il convient de préciser que ce travail a fait l'objet d'une publication [82].

I. Formalismes mathématiques et physiques

I.1 Equations de continuité, de mouvement et conditions limites

Le modèle physique appliqué à un tel écoulement repose sur les hypothèses suivantes : Les vaisseaux artériels sont rectilignes, déformables, non coniques, composés d'un matériau incompressible, de section circulaire, sans mouvement longitudinal. Par ailleurs, on considère que l'écoulement du sang est axisymétrique et que celui ci est incompressible et newtonien. D'autres hypothèses seront émises au cours de cette étude.

Les équations sont exprimées dans le système de coordonnée cylindrique (r, z). Les équations qui gouvernent l'écoulement du sang s'écrivent:

$$\frac{\partial U}{\partial r} + \frac{U}{r} + \frac{\partial W}{\partial z} = 0 \tag{4.1}$$

$$\frac{\partial U}{\partial t} + U\frac{\partial U}{\partial r} + W\frac{\partial U}{\partial z} = \nu\left(\frac{\partial^2 U}{\partial r^2} + \frac{1}{r}\frac{\partial U}{\partial r} + \frac{\partial^2 U}{\partial z^2} - \frac{U}{r^2}\right) \tag{4.2}$$

$$\frac{\partial W}{\partial t} + U\frac{\partial W}{\partial r} + W\frac{\partial W}{\partial z} = -\frac{1}{\rho}\frac{\partial P}{\partial z}$$
$$+ \nu\left(\frac{\partial^2 W}{\partial r^2} + \frac{1}{r}\frac{\partial W}{\partial r} + \frac{\partial^2 W}{\partial z^2}\right) \tag{4.3}$$

U (r,z,t) et W(r,z,t) sont les vitesses radiale et longitudinale et P(z,t) la pression. Les termes d'accélérations convectives qui introduisent des non linéarités dans les équations du mouvement, sont représentés par les termes CV_r et CV_z :

$$CV_r = U\frac{\partial U}{\partial r} + W\frac{\partial U}{\partial z} \tag{4.4}$$

$$CV_z = U\frac{\partial W}{\partial r} + W\frac{\partial W}{\partial z} \tag{4.5}$$

Pour un tel écoulement, les conditions aux limites à la paroi et au centre sont les suivantes [19, 36, 74] :

$$U(R,z,t) = \frac{\partial R}{\partial t} \quad W(R,z,t) = 0 \quad U(0,z,t) = 0 \quad \left.\frac{\partial W}{\partial r}\right|_{r=0} = 0 \tag{4.6}$$

R (z, t) est le rayon interne des vaisseaux fonction de z et t du fait des déformations radiales. La dépendance temporelle et spatiale de R, induite par le mouvement de la paroi artérielle, la complexité des équations du mouvement (4.2-3) qui présentent des termes non linéaires (les termes convectifs) introduisent de grandes difficultés dans l'étude mathématique des équations de l'écoulement du sang. Dans un premier temps, pour simplifier ces équations nous avons adimensionné et écrit localement au centre les équations 4.1-3. L'utilisation de la variable réduite introduite par Ling et Atabeck [55], nous a permis de libérer de la dépendance temporelle et spatiale du rayon pariétal.

$$\xi = \frac{r}{R(z,t)} \tag{4.7}$$

Par la même occasion, nous avons introduit les variables réduites pour les composantes de la vitesse, la pression et les variables temporelle et spatiale :

$$w = \frac{W}{c_0} \quad u = \frac{U}{\omega R_0} \quad p = \frac{P}{\rho c_0^2} \quad \tau = \omega t \quad x = \frac{\omega}{c_0} z \quad a = \frac{R}{R_0} \tag{4.8}$$

Avec $c_0 = \sqrt{\dfrac{Eh}{2\rho R_0}}$ la vitesse de propagation de Moens Korteweg. Nous avons introduit, par ailleurs, le paramètre de Womersley α sans dimension. Ainsi dans le système de coordonnée réduites (ξ, x, τ) les équations 4.1-3 prennent la forme suivante :

$$\frac{\partial u}{\partial \xi} + \frac{1}{\xi} u + a \frac{\partial w}{\partial x} - \xi \frac{\partial a}{\partial x} \frac{\partial w}{\partial \xi} = 0 \tag{4.9}$$

$$\frac{\partial u}{\partial \tau} = \left(\frac{\xi}{a} \frac{\partial a}{\partial \tau} - \frac{u}{a} \right) \frac{\partial u}{\partial \xi} - w \left(\frac{\partial u}{\partial x} - \frac{\xi}{a} \frac{\partial a}{\partial x} \frac{\partial u}{\partial \xi} \right) + \frac{1}{\alpha^2} \frac{1}{a^2} \left(\frac{\partial^2 u}{\partial \xi^2} + \frac{1}{\xi} \frac{\partial u}{\partial \xi} - \frac{u}{\xi^2} \right) \tag{4.10}$$

$$\frac{\partial w}{\partial \tau} = -\frac{\partial p}{\partial x} + \left(\frac{\xi}{a} \frac{\partial a}{\partial \tau} - \frac{u}{a} \right) \frac{\partial w}{\partial \xi} - w \left(\frac{\partial w}{\partial x} - \frac{\xi}{a} \frac{\partial a}{\partial x} \frac{\partial w}{\partial \xi} \right) + \frac{1}{\alpha^2} \frac{1}{a^2} \left(\frac{\partial^2 w}{\partial \xi^2} + \frac{1}{\xi} \frac{\partial w}{\partial \xi} \right) \tag{4.11}$$

Dans ces conditions les équations aux limites s'écriront :

$$u(1,x,\tau) = \frac{\partial a}{\partial \tau} \quad w(1,x,\tau) = 0 \quad u(0,x,\tau) = 0 \quad \left. \frac{\partial w}{\partial \xi} \right|_{\xi=0} = 0 \tag{4.12}$$

On remarque que les équations obtenues sont très complexes, malgré que l'adimensionnement ait éliminé la dépendance spatiale et temporelle du rayon. En effet les termes non linéaires adimensionnés, cv_r et cv_z s'écrivent :

$$cv_r = \left(\frac{\xi}{a} \frac{\partial a}{\partial \tau} - \frac{u}{a} \right) \frac{\partial u}{\partial \xi} - w \left(\frac{\partial u}{\partial x} - \frac{\xi}{a} \frac{\partial a}{\partial x} \frac{\partial u}{\partial \xi} \right) \tag{4.13}$$

$$cv_z = \left(\frac{\xi}{a} \frac{\partial a}{\partial \tau} - \frac{u}{a} \right) \frac{\partial w}{\partial \xi} - w \left(\frac{\partial w}{\partial x} - \frac{\xi}{a} \frac{\partial a}{\partial x} \frac{\partial w}{\partial \xi} \right) \qquad (4.14)$$

Cependant si on écrit ces termes convectif au centre de l'écoulement, c'est-à-dire en ξ = 0, ces termes se simplifient comme le montre la composante axiale qui nous intéresse :

$$cv_z = -w(\xi = 0) \frac{\partial w}{\partial x} \bigg|_{\xi=0} \qquad (4.15)$$

Cette écriture est d'autant plus intéressante car la mesure des vitesses au centre des vaisseaux est la plus fiable [79], d'où leur résolution locale en $\xi = 0$.

La prise en compte des termes convectifs ne permet plus de traiter séparément la composante moyenne de la composante pulsatile des différentes grandeurs comme dans le cas linéaire. Aussi la vitesse, le débit, la pression et le gradient de pression seront décomposés en une grandeur moyenne $\overline{G}$ et une grandeur pulsatile $\tilde{G}$:

$$-\frac{\overline{\partial p}}{\partial x} - w(\xi = 0) \frac{\partial w}{\partial x} \bigg|_{\xi=0} + \overline{T}_x \big|_{\xi=0} = 0 \qquad (4.16)$$

$$\frac{\tilde{\partial w}}{\partial \tau} \bigg|_{\xi=0} = -\frac{\tilde{\partial p}}{\partial x} - w(\xi = 0) \frac{\tilde{\partial w}}{\partial x} \bigg|_{\xi=0} + \tilde{T}_x \big|_{\xi=0} \qquad (4.17)$$

$T_x \big|_{\xi=0}$ est la contrainte de cisaillement réduite par unité de longueur au centre.

$$T_x \big|_{\xi=0} = \frac{2}{\alpha^2} \frac{1}{a^2} \frac{\partial^2 w}{\partial \xi^2} \bigg|_{\xi=0} \qquad (4.18)$$

La présence dans l'équation moyenne de Navier - Stokes (4.16 -17) des termes convectifs instationnaires, traduit l'interaction entre le mouvement moyen et le mouvement pulsatile, ce qui va influer sur le gradient de pression moyen (GPM) et pulsatile (GPP).

Pour compléter notre résolution, on a du se donner un modèle mathématique et physique qui traduit le comportement rhéologique de la paroi.

I.2 Modèle mathématique et physique du comportement rhéologique de la paroi.

Pour caractériser le comportement mécanique de la paroi des artères, nous avons utilisé une relation pression - rayon en introduisant dans la valeur du module d'élasticité E le comportement non linéaire de la paroi artérielle. Cette relation est celle qui est définie dans la loi de comportement de Hooke pour un tuyau souple d'épaisseur fine h,

$$p = \frac{1}{a^2} \left[Log(a^2) + p_0 \right] \qquad (4.19)$$

où p_0 est la pression réduite pour a $=1$ (R $= R_0$). Pour tenir compte du caractère non linéaire de la paroi, nous avons utilisé le modèle rhéologique que propose Cox [26] où le module d'élasticité E est calculé à partir de l'expression suivante :

$$E = Ee + f_c . Ec \qquad (4.20)$$

Dans cette relation, f_c est une fonction non linéaire de la pression appelée fonction de recrutement qui indique en pourcentage le nombre de fibres de collagène, recrutées selon la pression régnant dans l'artère. Aussi, nous avons utilisé, dans notre modèle, les valeurs fc mesurées par Armentano [7] pour des pressions variant de 90 à 180 mmHg afin d'étudier les conditions physiologiques normale et pathologique.

II. Solutions semi – analytiques des équations de Navier-Stokes non linéarisés

La multiplication de l'équation de continuité adimensionnée par ξ et son intégration sur la section du vaisseau conduisent à une relation non linéaire, qui relie la vitesse réduite w et plus précisément le débit réduit q au rayon réduit a, compte tenu de la condition au limite sur u à la paroi (4.12):

$$u(1, x, \tau) = \frac{\partial a}{\partial \tau} = -a \int_0^1 \xi \frac{\partial w}{\partial x} d\xi - 2 \frac{\partial a}{\partial x} \int_0^1 \xi w d\xi$$

Soit

$$\frac{\partial a}{\partial \tau} = -\left[a \frac{\partial q}{\partial x} + 2 \frac{\partial a}{\partial x} q \right] \qquad (4.21)$$

avec $q = \int_0^1 \xi w d\xi$, Pour finaliser ce modèle, nous avons écrit a, q, w sous la forme suivante, sachant que ces expressions ont montré leur justesse pour décrire l'écoulement dans les artères:

$$a = 1 + \tilde{a}_1 \cos(\tau - \frac{c}{c_0} x) e^{-\beta_d x}$$
$$+ \tilde{a}_2 \cos\left[2(\tau - \frac{c}{c_0} x) \right] e^{-2\beta_d x} \qquad (4.22)$$

$$w(\xi = 0) = \overline{w} + \tilde{w} = \overline{w} + w_{0c} \cos\left(\tau - \frac{c}{c_0} x \right) e^{-\beta_d x}$$
$$+ w_{0s} \sin\left(\tau - \frac{c}{c_0} x \right) e^{-\beta_d x} \qquad (4.23)$$

$$q = \overline{q} + \widetilde{q} = \overline{q} + q_{0c} \cos\left(\tau - \frac{c}{c_0}x\right)e^{-\beta_d x}$$
$$+ q_{0s} \sin\left(\tau - \frac{c}{c_0}x\right)e^{-\beta_d x} \tag{4.24}$$

c est la vitesse de phase $c = \sqrt{\dfrac{A}{\rho}\dfrac{\partial P}{\partial A}}$ soit :

$$c = \sqrt{\frac{Eh}{2\rho R_0}F} \tag{4.25}$$

avec $F = \dfrac{1}{a^2}\left(1 - \text{Log}(a^2) - p_0\right)$ et β_d le coefficient d'atténuation réduit qui s'écrit en fonction du coefficient d'atténuation β :

$$\beta_d = \frac{z}{x}\beta \tag{4.26}$$

Ainsi nous trouvons les solutions suivantes pour le débit réduit:

$$\overline{q} = 1.5\frac{c}{c_0}M \tag{4.27}$$

$$q_{0c} = -\frac{2}{3}\cdot\frac{\widetilde{a}_2}{\widetilde{a}_1}\overline{q} \tag{4.28}$$

$$q_{0s} = -2\beta_d\left(\frac{c}{c_0}\right)\frac{\widetilde{a}_2}{\widetilde{a}_1}\cdot\overline{q} \tag{4.29}$$

M étant une fonction de $\widetilde{a}_2, \beta_d, c$ et c_0 :

$$M = \left[\left(3\beta_d^2\left(\frac{c}{c_0}\right)^2 - 1\right)\cdot\frac{\widetilde{a}_2}{\widetilde{a}_1^2} + 3\right]^{-1} \tag{4.30}$$

Ces expressions qui montrent l'étroite relation entre la déformation radiale et le débit, sont intéressantes car elles permettent de mettre en évidence et d'évaluer les interactions fluide – paroi. Habituellement, la cause de la distensibilité des artères est affectée à la pression pulsatile or il est clair que, durant l'accélération de l'écoulement, il y a une quantité plus importante de fluide qui pénètre dans un volume défini, qu'à un instant antérieur. Ainsi, la distensiblité de la paroi est aussi à attribuer à cette augmentation de quantité de fluide : effet capacitif. Les relations (4.27 - 30) montrent, par ailleurs, le couplage étroit entre l'écoulement moyen et pulsatile, ce qui n'apparaît pas dans un modèle à comportement linéaire. On imagine donc leur influence sur le gradient de pression moyen.

Pour déterminer les composantes moyennes et oscillantes de la vitesse réduite $\overline{w}$ et $\widetilde{w}$(woc, wos) à partir de $\overline{q}$, qoc et qos, nous avons utilisé la valeur du rapport entre le débit et la vitesse au centre, obtenue par les solutions de Womersley [93,96] qui représentent avec justesse la forme du profil des vitesses.

La vitesse débitante U_d dans une section étant:

$$U_d = \frac{2}{R^2} \int_0^R W r\, dr = 2\,c0\,q \tag{4.31}$$

avec $\overline{U_d} = 2c_0\,\overline{q}$, $U_{d0c} = 2c_0\,q_{0c}$ et $U_{d0s} = 2c_0\,q_{0s}$

nous obtenons :

$$W_{0c} = \frac{W_{0cw}}{U_{0cw}} U_{d0c} \text{ et } W_{0S} = \frac{W_{0sw}}{U_{0sw}} U_{d0s} \tag{4.32}$$

Compte tenu de l'expression de w, on peut calculer les termes convectifs moyen et pulsatile et en déduire le gradient de pression moyen et pulsatile à partir des relations

(4.16) et (4.17), mais en négligeant le terme visqueux oscillant $\left. \widetilde{T}_x \right|_{\xi=0}$.

$$-\frac{\overline{\partial p}}{\partial x} = \overline{w(\xi=0) \left.\frac{\partial w}{\partial x}\right|_{\xi=0}} - \left.\overline{T}_x\right|_{\xi=0} \tag{4.33}$$

$$-\frac{\partial \widetilde{p}}{\partial x} = \left.\frac{\partial \widetilde{w}}{\partial \tau}\right|_{\xi=0} + w(\xi=0)\left.\frac{\partial w}{\partial x}\right|_{\xi=0} - \left.\widetilde{T}_x\right|_{\xi=0} \tag{4.34}$$

Le terme visqueux moyen au centre est calculé à partir de la théorie de Poiseuille :

$$\left.\overline{T}_x\right|_{\xi=0} = -\frac{4}{\alpha^2} w_0 \tag{4.35}$$

Les expressions ainsi obtenues permettraient de déterminer le gradient de pression à partir des données de la vitesse au centre et du rayon de l'artère mesurées par des techniques non invasives.

III. Résultats et discussions

Afin d'évaluer l'influence des termes convectifs sur les grandeurs hémodynamiques mesurées au niveau des artères centrales, nous avons proposé un modèle semi analytique pour l'écoulement du sang. Ce modèle a permis de calculer le gradient de pression tout en tenant compte du comportement rhéologique non linéaire des parois pour ce type d'artère.

Les calculs ont été effectués sur la plateforme Matlab 7.04 selon le schéma synoptique suivant :

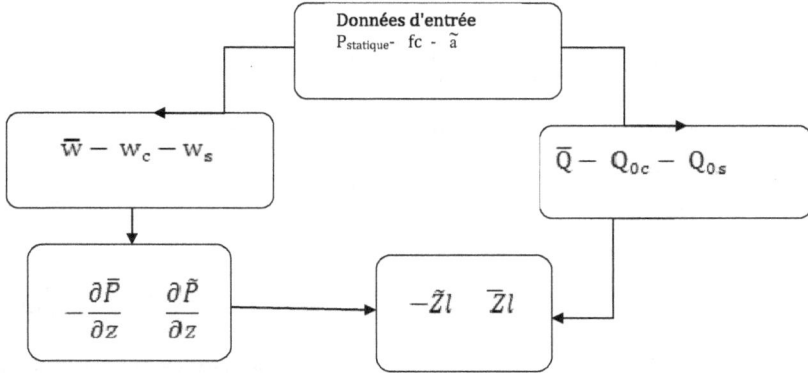

Figure 4. 1 : Schéma synoptique des calculs.

Le débit calculé à partir de l'intégrale de l'équation de continuité est dépendant du rayon réduit oscillant $\tilde{a}$ (aosc) et donc du comportement non linéaire de la paroi, introduit dans l'expression du module d'élasticité E (4.25). Nous avons représenté sur la figure (1a), les valeurs de E calculées à partir de celles de fc, Ee et Ec dans les cas physiologique et pathologique [7]. Les courbes obtenues montrent la croissance non linéaire de E avec le nombre de fibres de collagène recrutées et donc avec l'augmentation de la pression pulsatile sous jacente, traduisant, de ce fait, le comportement non linéaire de la paroi. Sur la figure (1c, 1d), nous constatons l'étroite relation de ce comportement non linéaire avec l'évolution des vitesses de propagation c_0 et c. Le calcul du rayon réduit a été effectué à partir de la relation (4.19) pour différentes valeurs de fc obtenues aux pressions statiques de 90 à 180mmHg. Ces pressions statiques correspondraient à des pressions pulsatiles croissantes : une pression de 90mmHg indiquerait une hypotension, 180 mmHg une hypertension.

Les courbes (fig 4.2d) montrent que le rayon oscillant $\tilde{a}$ (aosc) croît avec fc jusqu'à une valeur maximale pour ensuite décroître. La partie croissante de $\tilde{a}$ correspondrait à une distension de l'artère où se sont pratiquement les fibres d'élastine qui sont

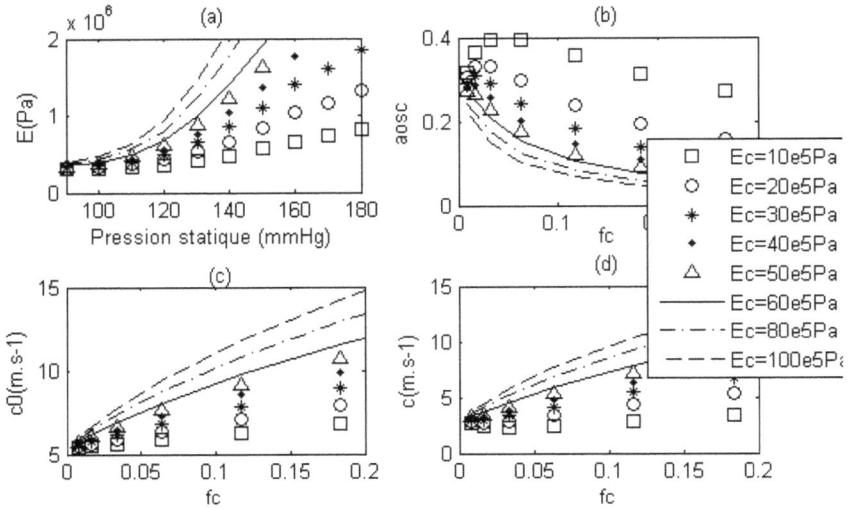

Figure 4. 2 : (a) Module d'élastique E en fonction de la pression statique, (b) Rayon réduit aosc, (c) vitesse de Moens Korteweg c0 et (d) vitesse de phase c en fonction de fc. Ee = 3e5Pa.

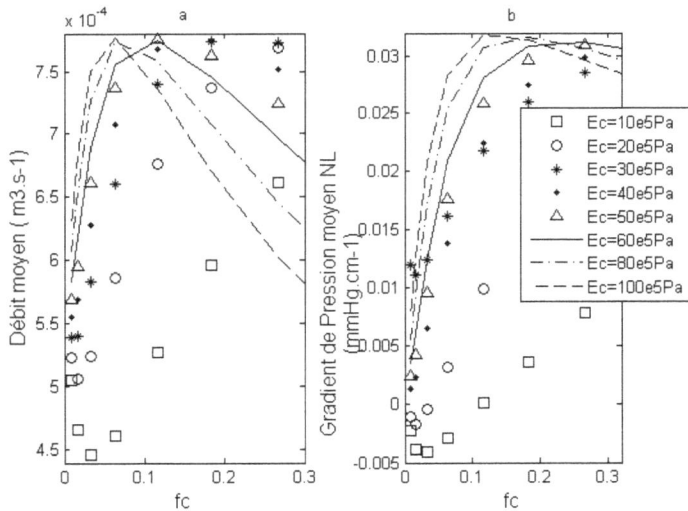

Figure 4. 3 : (a) Débit moyen - (b) Gradient de Pression moyen en fonction de fc pour différente valeur de Ec.

sollicitées (pressions pulsatile physiologiquement normale) alors que dans la partie décroissante (pressions pulsatiles supérieures à la normale) les déformations de la paroi seraient sous l'influence des fibres de collagène.

L'évaluation des valeurs du rayon réduit en fonction de fc et Ec nous aura permis de simuler le comportement rhéologique des artères dans les cas normaux et pathologiques, et donc de déterminer le débit résultant de ce comportement à partir des solutions obtenues lors de l'intégration de l'équation de continuité. Sur les figures (4.3a, 4.4a), nous avons représenté le débit moyen et le débit pulsatile en fonction de fc pour différentes valeurs de Ec. On observe que l'allure des courbes obtenues dépend de Ec. Pour Ec < 40 10^5Pa, elles comportent trois parties, la première délimitées par fc_{amax}, valeur de fc lorsque $\tilde{a}$ est maximale, et la seconde par fc_{dmax}. Les deux premières parties évoluent en sens inverse à celui du rayon oscillant réduit alors que la troisième décroît avec $\tilde{a}$. On remarque la même évolution pour le gradient de pression moyen. Cependant son second point critique que l'on note fc_{pmax} est légèrement décalé vers la droite. On peut citer l'exemple suivant : (Ec = 4.10^6Pa, fc_{dmax} = 18,33% et fc_{pmax} = 36,66%). Les deux premières parties correspondraient à un écoulement dominé par le comportement élastique de la paroi en stockant une partie du fluide (débit faible pour un rayon important et inversement), alors que dans la troisième partie, l'écoulement serait géré par la géométrie du conduit à l'image d'un tube rigide. Pour Ec ≥ 40 10^5Pa, la partie 1 ne figure plus, les valeurs de Ec sont suffisamment importantes pour que les fibres de collagène interviennent aux faibles valeurs de fc et donc de la pression artérielle. Comme l'indiquent les équations (4.27 - 30), ces résultats montrent que le comportement non linéaire des parois au niveau des larges artères se traduit par une interaction de l'écoulement moyen et pulsatile.

La figure 4.4 montre l'allure du débit pulsatile selon les valeurs du coefficient Ec pour différentes valeurs de fc. Le débit pulsatile a été choisi sinusoïdal afin de montrer la distorsion du signal du gradient de pression par les effets convectifs. Pour mettre en évidence le comportement non linéaire élastique de la paroi des artères sur le gradient de pression, nous avons représenté le gradient de pression linéaire (L), calculé, en négligeant les termes d'accélérations convectives alors que dans le calcul du gradient de pression non linéaire (NL), nous en avons tenu compte. L'influence du comportement non linéaire des parois des larges artères sur le gradient de pression moyen linéaire (GPM L) et non linéaire (GPM NL) est représentée sur les figures 4.3b et 4.5.

Ces courbes évoluent pareillement à celles du débit, une partie dominée par le comportement élastique non linéaire et une seconde partie dépendante du rayon. La représentation graphique (fig.4.6) des rapports du gradient de pression moyen non linéaire NL et linéaire L, montre que l'influence des termes convectifs est notable pour les faibles valeurs de fc et Ec. Pour ces valeurs, la non prise en compte de ces termes conduit à une surestimation du GPM et donc à des contraintes de cisaillement à la paroi plus élevées. Il semblerait donc que les effets convectifs occasionnés par la grande élasticité des larges artères joueraient un rôle important sur l'hémodynamique de ce type d'artère en atténuant les contraintes pariétales ce qui aurait pour conséquence une réduction de la dissipation d'énergie et la préservation des cellules endothéliales [19]. Pour les valeurs de Ec élevées (supérieures à 3 10^6Pa) et des valeurs de fc ≥ 15%, le rapport GPM NL/GPM L tend vers 1.

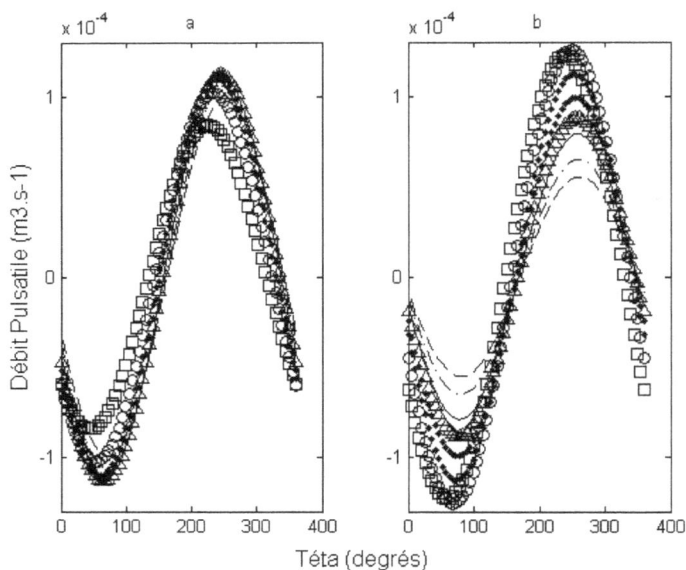

Figure 4. 4 : Débit pulsatile pour différentes valeurs Ec. (a) fc = 6,33% – (b) fc = 18,33%.

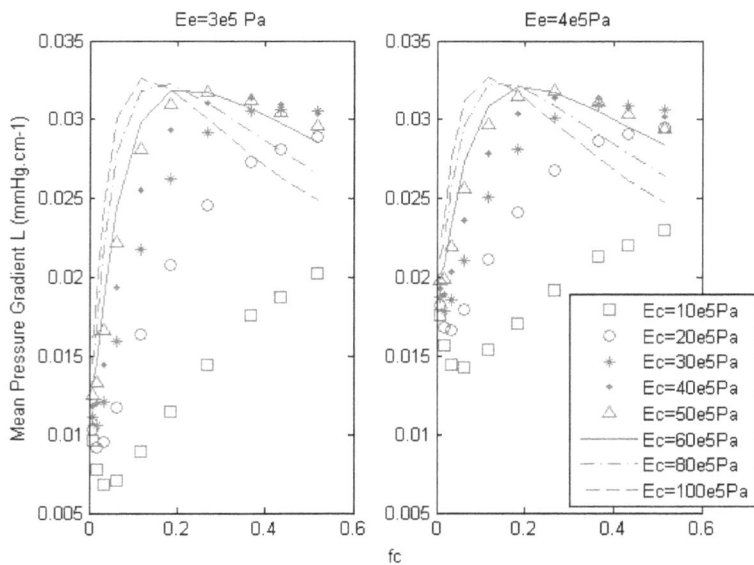

Figure 4. 5 : Gradient de pression moyen linéaire pour différentes valeurs de E$_c$.

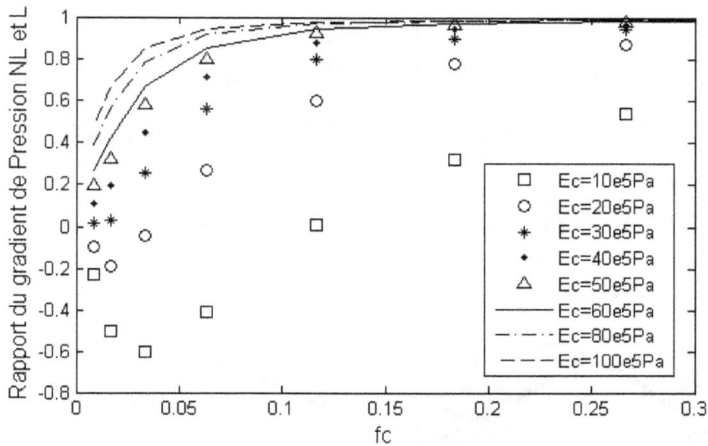

Figure 4. 6 : Rapport du gradient de Pression Moyen non linéaire sur linéaire.

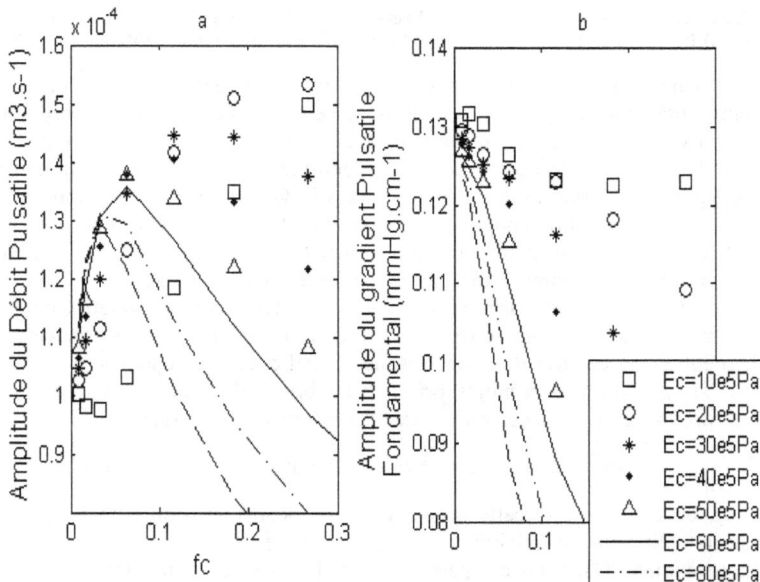

Figure 4. 7 : (a) Amplitude du débit pulsatile – (b) Amplitude du Gradient de Pression pulsatile, pour différentes valeurs de Ec.

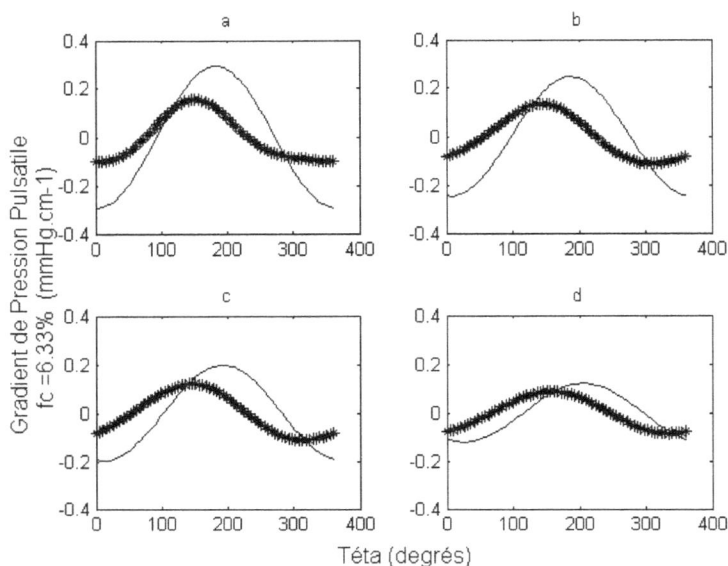

Figure 4. 8 : Allure du Gradient de Pression pulsatile, pour différentes valeurs de Ec. fc= 6,33%. (a) Ec = 10⁶Pa, (b) Ec = 3.10⁶Pa, (c) Ec = 5.10⁶Pa et (d) Ec = 10.10⁶Pa,

L'influence des termes convectifs sur l'allure du gradient de pression pulsatile GPP est représentée sur la figure 4.7 où on observe une distorsion de la morphologie de l'onde pulsatile alors que nous avions choisi un débit sinusoïdal comme donnée d'entrée. Une analyse de Fourier du GPP montre la présence d'un second harmonique qui ne figurait pas dans le débit et donc dans le GPP L (fig.4.6). L'amplitude de ce second harmonique est non négligeable lorsque l'artère est très élastique ; en effet pour des valeurs physiologiques normales de Ec et fc (Ec =10⁶Pa et fc = 3,33%), on trouve que l'amplitude du second harmonique est pratiquement égale à 30% de celle du fondamental. Ce second harmonique tend vers zéro pour les valeurs de fc et Ec importantes, figure 6a. Une étude de l'amplitude de la composante fondamentale du GPP, montre que celle-ci diminue lorsque fc et Ec augmentent, que ce soit dans le modèle L ou NL. Ces résultats pris à l'état brut indiqueraient que l'élasticité des artères provoque une accélération de l'écoulement (par rapport à l'accélération locale $\dfrac{\partial W}{\partial t}$). Cependant, si on compare les valeurs obtenues dans les deux modèles (fig.4.8), on constate que cette accélération est beaucoup moins importante dans le modèle non linéaire ce qui indique l'importance des effets convectifs au niveau de l'aorte proximale. Dans des cas pathologiques liés à une augmentation de la pression pulsatile ou à un durcissement des parois des artères, ce phénomène de convection disparaîtrait. Les résultats obtenus aux fortes élasticités sont, toutefois, en contradiction avec le rôle de la fonction artérielle qui est de stocker une partie du volume sanguin éjecté par le cœur. Pour ces grandes élasticités, la grande valeur du gradient de pression peut être donc expliquée non par le fait de l'accélération de l'écoulement mais par, l'augmentation du débit due à une accumulation d'un certain volume sanguin.

Pour mettre en évidence, le rôle des effets convectifs dans la fonction des larges artères élastiques, on a calculé les composantes moyenne et fondamentale de l'impédance longitudinale. Ces composantes s'expriment, $\overline{Z}_\ell = \dfrac{-\overline{\partial P/\partial z}}{\overline{Q}}$ et $\widetilde{Z}_{\ell_1} = \dfrac{\left|\dfrac{\partial \widetilde{P}}{\partial z}\right|_1}{\left|\widetilde{Q}\right|_1}$

où $-\dfrac{\overline{\partial P}}{\partial z}$ et $\left|\dfrac{\partial \widetilde{P}}{\partial z}\right|_1$ représentent respectivement les composantes moyenne et fondamentale du gradient de pression, $\overline{Q}$ et $\left|\widetilde{Q}\right|_1$ celles du débit. L'impédance longitudinale permet de montrer l'influence de la forte élasticité des larges troncs artériels sur la quantité de sang déplacé et sur sa rapidité de mise en mouvement. Les figures 4. 9a et 9b montrent que l'impédance longitudinale moyenne est beaucoup plus faible que celle obtenue à partir des composantes pulsatiles. Ces résultats sont identiques à ceux obtenus dans un autre contexte par Skelly [87], où l'on précise que ce sont les composantes pulsatiles, qui sont les plus utiles pour quantifier localement les performances de la fonction artérielle.

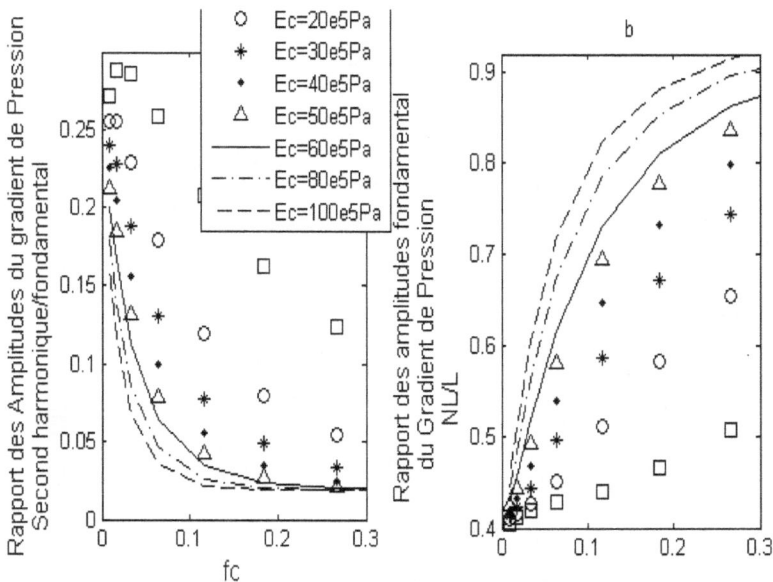

Figure 4. 9 : (a) Rapport des Amplitudes du Gradient de Pression (NL) second Harmonique/fondamental, (b) Rapport des Amplitudes du Gradient de Pression NL/L.

On observe que la composante fondamentale de l'impédance longitudinale diminue lorsque fc et Ec augmentent c'est-à-dire lorsque l'artère devient plus rigide. En fait, l'évolution de l'impédance montre que les grandes valeurs de l'amplitude du gradient de pression pulsatile obtenue aux grandes élasticités et aux faibles valeurs de fc seraient dues à la distension importante du vaisseau par accumulation d'un certain volume sanguin.   Bien que peu utilisée, l'impédance longitudinale, ne doit pas être uniquement considérée en tant que résistance locale mais comme indicateur clinique des performances de la fonction artérielle. Comme ce fut le cas pour le gradient de pression, les valeurs de l'impédance longitudinale calculées à partir de la théorie linéaire paraissent surestimées (fig.4.10). Il semble donc que le rôle joué par les termes convectifs est de décélérer l'écoulement (par rapport à l'accélération locale $\dfrac{\partial W}{\partial t}$) pour permettre le stockage d'une partie du volume sanguin pendant la systole. Ces commentaires n'ont pu être effectués qu'à partir de l'évaluation de l'impédance longitudinale qui ne dépend que des propriétés mécaniques locales de l'artère considérée. Pour les grandes valeurs de Ec et fc, on remarque que les deux modèles linéaire et non linéaire convergent ; en effet, l'amplitude de l'impédance longitudinale devient de plus en plus faible lorsque Ec et fc augmentent. Ainsi un durcissement des parois des larges et moyennes artères conduirait à une accélération importante de l'écoulement d'où la perte de leur rôle capacitif.

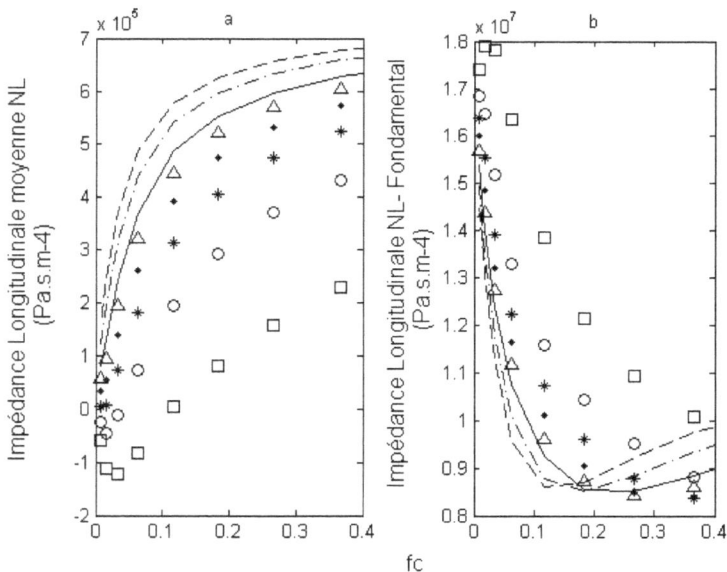

Figure 4. 10 : Impédance Longitudinale NL, (a) Moyenne, (b)Amplitude fondamentale

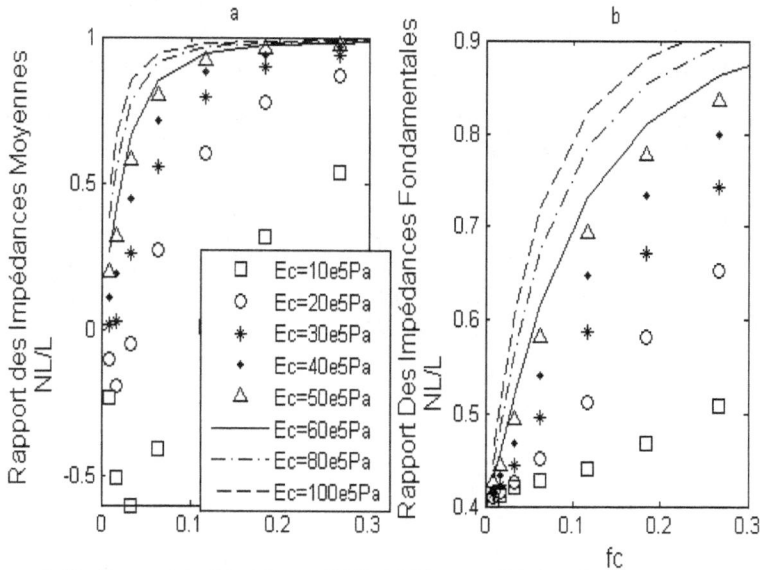

Figure 4. 11 : Rapport des impédances NL/L, (a) Moyenne (b) Amplitude Fondamentale, pour différentes valeurs de Ec.

IV. Conclusion

Dans ce travail, nous avons voulu mettre en évidence l'influence des termes d'accélérations convectives de l'équation de Navier - Stokes sur l'écoulement au niveau des gros troncs artériels.

Le modèle mathématique et physique développé nous a permis de calculer le gradient de pression et l'impédance longitudinale pour un comportement mécanique non linéaire des parois de ce type d'artères. Ces grandeurs ont été calculées pour un pourcentage croissant de fibres de collagène recrutées qui correspondrait à des pressions pulsatiles croissantes.

Dans ces calculs, nous n'avons pas tenu compte des réflexions multiples occasionnées par la structure du réseau artériel afin de montrer la réponse de l'élasticité des artères sur l'écoulement [18, 63, 67]. En effet, les travaux antérieurs [27, 79, 47] montrent que l'extraction de l'onde incidente permettrait d'évaluer les performances du cœur et du système artériel.

Les résultats constatés montrent que le modèle linéaire surestime le GPM et le GPP pour des artères dont l'élasticité est physiologiquement normale alors que pour des artères plus rigides les deux modèles convergent.

Nous avons aussi fait état de l'influence des termes d'accélérations convectives sur l'allure du gradient de pression pulsatile en le distordant par l'apparition d'un second harmonique inexistant dans le débit.

Le calcul de l'impédance longitudinale a permis d'interpréter les effets des termes convectifs sur le gradient de pression qui est de décélérer l'écoulement afin de retenir une partie du volume sanguin. On disposerait, ainsi, d'un paramètre d'intérêt clinique pour évaluer l'élasticité des artères.

Par ailleurs, comme le GP et l'impédance longitudinale ont été déterminés à partir du débit et donc à partir des données vélocimétriques, leur détermination, pour une exploration fonctionnelle du système artériel, pourrait être effectuée par des techniques non invasives comme la vélocimétrie doppler ultrasonore ou l'IRM de flux.

Pour valider les résultats et les interprétations développés dans cette simulation semi – analytique, nous avons effectué une simulation numérique utilisant la méthode des éléments finis. Dans Cette simulation, exposée dans le chapitre suivant, nous avons développé, par ailleurs, un logiciel sur Femlab qui permet d'effectuer des simulations animées pour les différents types d'écoulement associés aux différents comportements mécaniques des larges artères.

Chapitre 4

SIMULATION NUMERIQUE DE L'ECOULEMENT SANGUIN DANS LES GRANDS TRONCS ARTERIELS : APPLICATION A L'AORTE

Dans le but de déployer une stratégie pour la mise en application clinique du formalisme semi – analytique non linéaire de la circulation sanguine dans les larges artères, nous avons validé par une simulation numérique, les résultats trouvés ainsi que les interprétations déduites précédemment. Cette simulation numérique, présentée dans ce chapitre, a permis, par ailleurs, de calculer les vitesses instantanées, de représenter les profils de vitesses et de réaliser des animations, reproduisant les différents écoulements générés pour chaque type de comportement mécanique des parois artérielles.

I. Analyse dynamique du fluide

I.1 Les équations du mouvement

Le sang, comme précédemment, est supposé newtonien. Nous considérons donc, un fluide visqueux incompressible de viscosité dynamique η = 0,005 Pl et de densité ρ = 1050 kg.m^{-3}, qui s'écoule dans un conduit cylindrique de rayon diastolique R_0 égal à 1 cm. Ainsi, le régime d'écoulement est caractérisé par le paramètre de fréquence α égale à 11,49. L'écoulement axisymétrique est décrit par l'équation vectorielle de Navier - Stokes et l'équation de continuité qui pour un champ de vitesse $\vec{V}(U, W)$ et de pression P dans le système de coordonnées cylindriques (r, z) donne en projection sur les axes (0r , 0z) les équations 4.1-3. Bien que nous nous basions sur une résolution de l'équation vectorielle non linéaire de Navier-Stokes, nous avons défini les composantes moyenne et pulsatile de l'impédance longitudinale en effectuant les rapports des amplitudes (moyenne et pulsatile) du gradient de pression et du débit, obtenues après transformation de Fourier de leurs signaux numériques respectifs.

I.2 Conditions aux limites

Pour un tel écoulement, les conditions aux limites à la paroi et au centre sont celles établies dans l'équation 4.4 dans laquelle R (z, t) est le rayon intérieur du vaisseau, définie plus loin dans l'analyse mécanique, est fonction de t et z.

I.3 Analyse mécanique

Le comportement mécanique de la paroi est représenté par l'expression du rayon instantanée R (z, t) :

$$R(z,t) = R_0 \times aosc \left[1 - \cos \left(\omega t - \omega \frac{z}{c} \right) \right] + R_0 \qquad (5.1)$$

où, aosc (= (Rmax - R0) / R0 = Δ R/R0) représente le déplacement radial maximal pendant un cycle cardiaque et c la vitesse de phase. c est calculée à partir de la relation établie par Thomas Young:

$$c = \sqrt{\frac{R_0}{\rho} \frac{\Delta P}{\Delta R}} \qquad (5.2)$$

ΔR est la variation du rayon correspondant à une variation de pression ΔP. Les simulations numériques ont été réalisées pour différentes valeurs de aosc allant de 0 (paroi rigide) à 0,15 (paroi très élastique) afin de montrer l'influence du comportement mécanique de la paroi sur l'écoulement dans des conditions physiologiques normales et pathologiques. Pour illustrer le comportement non linéaire de la paroi en raison de la présence de fibres d'élasticité différentes (élastine et de collagène), nous nous sommes imposés à l'entrée, pour chaque valeur de aosc, une pression de manière à obtenir un débit d'entrée pratiquement identique. Ainsi, le comportement non linéaire mécanique est introduit dans les termes ΔP et ΔP / ΔR. La pression a été choisie de forme sinusoïdale:

$$P(z = 0) = \Delta P \times [1 - \cos(\omega t)] + \bar{P} \qquad (5.3)$$

avec ΔP l'amplitude de la pression pulsatile et $\bar{P}$ la pression moyenne.

I.4 Méthodologie

La simulation a été effectuée en utilisant la méthode des éléments finis et une formulation spécifique ALE (Arbitrairement Lagrangienne Eulérienne), pour prendre en compte l'interaction fluide - structure. Une formulation mixte vitesse pression de fluide a été mise en œuvre. Les calculs ont été effectués à l'aide d'un maillage 2D axisymétrique de 26 éléments dans la direction radiale et 250 éléments dans la direction axiale comme le montre la Figure 5.1. La simulation a nécessité de mettre en œuvre six modèles sur la plateforme Femlab pour chaque valeur de aosc.

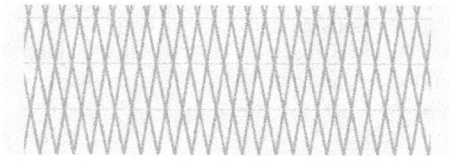

Figure 5. 1 : Exemple du maillage utilisé

I.4.1. Formulation lagrangienne et eulérienne

Pour modéliser des interactions deux approches sont en générale utilisées pour décrire l'évolution du maillage : L'approche lagrangienne et l'approche eulérienne.

Dans la formulation lagrangienne, on suit les particules en mouvement. Le maillage évolue et se déplaces-en suivant les déformations de la matière. La représentation de l'évolution des surfaces est précise. Cette description est adaptée à de faibles déplacements. C'est pourquoi cette formulation est classiquement adaptée en mécanique des solides. En effet, le maillage subit les même déformations que la matière et la qualité des éléments se dégrade progressivement, finissant par nécessiter un remaillage et donc un transport des informations d'un maillage sur l'autre. La simulation des grandes déformations pour cette formulation peut donc devenir couteuse en termes de temps de calcul.

Dans une formulation eulérienne, on cherche à déterminer les propriétés physiques du fluide en des positions fixes de l'espace et du temps. Le domaine d'étude (ou volume de contrôle) est fixe et le fluide est renouvelé constamment dans celui – ci, ce qui introduit un terme de convection dans les équations à résoudre. En d'autres termes, le maillage voit passer la matière. La vitesse de maillage est donc nulle. La précision de calcul n'est pas altérée au cours du temps puisque la qualité des éléments reste constante. De grandes distorsions matérielles peuvent être modélisées sans nécessiter de remaillage. De ce fait, cette formulation est largement utilisée en mécanique des fluides. L'inconvénient d'une formulation eulérienne est qu'il faut résoudre les équations de transport à chaque instant avec des méthodes d'autant plus perfectionnées que la vitesse convective est importante. Enfin, le maillage fixe définit un volume de contrôle invariable au cours du temps. Lorsque les frontières du corps sont mobiles, elles ne coïncident généralement pas avec le bord d'un élément. Les dérivées temporelles étant mal définies il en résulte des difficultés dans le suivi précis des frontières matérielles dans l'interaction fluide – structure, comme pour la paroi artérielle.

   La formulation Arbitrairement Lagrangienne Eulérienne (ALE), [28, 29, 30, 43, 69] combine à la fois la formulation lagrangienne et eulérienne pour décrire le mouvement des particules fluides. Cette formulation a été introduite dans le but de modéliser de grandes déformations de matière, rencontrées lors d'un couplage fluide – structure. Cela est fait tout en conservant une meilleure qualité de maillage qu'en formule lagrangienne. D'autre part, le suivi de la frontière est plus précis qu'en eulérien. La vitesse du maillage est déterminée de manière à en minimiser les déformations, et donc à ralentir la dégénérescence des éléments au cours de la simulation. La seule contrainte sur le calcul de la vitesse de maillage concerne sa surface. Le mouvement des nœuds surfaciques doit être tel que la frontière du domaine soit toujours précisément décrite. Cela est réalisé sans modification de la topologie du maillage c'est-à-dire à nombre de nœud constant.

Formulation mathématique
   Dans la formulation mathématique ALE il est nécessaire d'introduire trois référentiels d'étude, matériel, spatial et de référence, contenant respectivement les points de coordonnées x^*, x et χ. Le domaine matériel x^* correspond à l'emplacement de tous les points à $t = 0$. Le domaine x est l'emplacement de tous les points matériels suite aux déformations qu'ils ont subies par le domaine matériel entre l'instant $t = 0$ et l'instant t. Le domaine de référence χ représente en pratique, le référentiel où l'on se place pour résoudre le problème numérique. En lagrangien, le domaine de référence est confondu avec le domaine de matériel, $\Omega_\chi = \Omega_{x^*}$. En eulérien le domaine de référence est confondu avec le domaine spatial, $\Omega_\chi = \Omega_x$; En ALE, le domaine de référence est arbitraire et la matière se déplace avec une vitesse v_{mat}, qui peut être différente de la vitesse de maillage v_{may}. Les vitesses sont exprimées de la manière suivante pour $i \in \{1, 2, 3\}$:

$$V_{may_i} = \frac{\partial x_i}{\partial t}\Big|_\chi \quad V_{mat_i} = \frac{\partial x_i}{\partial t}\Big|_{\chi^*}$$

$$v_{mayi} = \frac{\partial x_i}{\partial t}\Big|_\chi \quad v_{mati} = \frac{\partial x_i}{\partial t}\Big|_{x*}$$

On a alors

$$V_{mat_i} = V_{may_i} + \sum_{j=1}^{3} \omega_j \frac{\partial x_i}{\partial x_j}$$

Où $\omega_j = \frac{\partial x_j}{\partial t}\Big|_{\chi^*}$ $\omega_j = \frac{\partial \chi_j}{\partial t}\Big|_{x*}$ est la vitesse de la particule matérielle dans le domaine de référence.

   Dans le cas général les écoulements sont plans. On ramène donc le problème à un système de coordonnées à deux dimensions (x,y) (fig .5.2-3). Dans notre cas de figure, où l'écoulement du sang dans les artères est axisymétrique, la résolution s'effectue dans le système de coordonnée à deux dimensions (r, z).

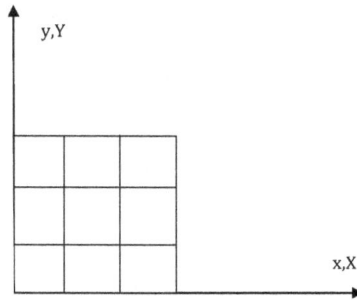

Figure 5. 2 : système de maille non déformé le domaine de référence (X,Y) est confondu avec le domaine spatial (x,y)

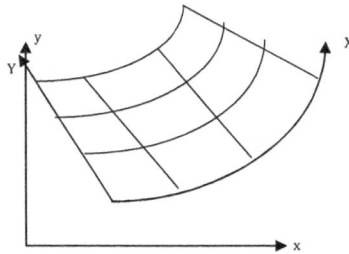

Figure 5. 3: maillage déformé, système matériel (x,y) à t = 0 et système de référence (X,Y)

II. Résultats et discussion

L'amplitude ΔP de la Pression des différents modèles a été choisie de telle sorte que le débit varie au cours d'un cycle entre 0 et $1,6 \ 10^{-4} \ m^3.s^{-1}$ ce qui correspond à une amplitude fondamentale, qui est égale à $0,4 \ 10^{-4} \ m^3.s^{-1}$. Les Figures 5.2a et 5.3a montrent l'allure et l'amplitude de l'onde de pression en z = 0 pour des déplacements allant de 0% à 15% (aosc), où nous observons, que pour un même débit, la diminution non linéaire de l'amplitude de pression avec aosc. Ce premier résultat indique déjà le rôle d'amortisseur joué par l'élasticité de la paroi non linéaire sur l'onde de pression. L'onde de débit est également représentée à la distance z = 0.10m et 0.20m sur la fig.5.2b, elle présente une distorsion alors que l'onde de pression a été imposée comme sinusoïdale. Une analyse de Fourier montre la présence d'un second harmonique dont l'amplitude est assez importante pour aosc $\geq$ 0,07(fig5.3a). Ce résultat, constaté aussi pour le gradient de pression, fig. 5.5b, reflète l'influence, des termes d'accélération convective sur l'hémodynamique locale. Ces termes d'advections étant générés par les interactions fluide – paroi lorsque les déplacements de la paroi sont importants, comme cela se produit dans les artères très élastiques (cas de l'aorte).

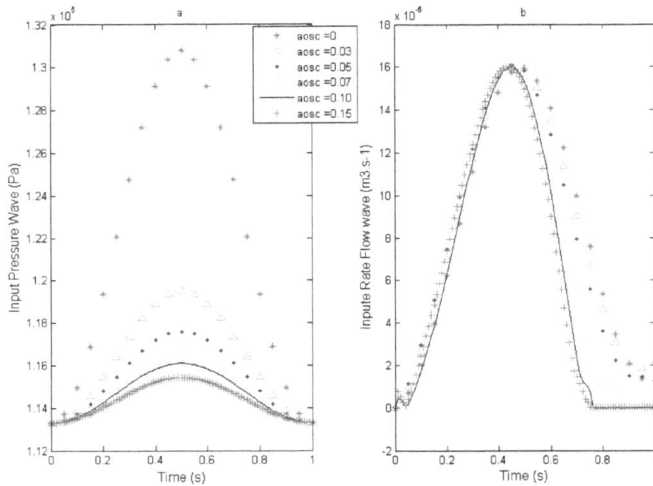

Figure 5. 4 : (a) input signal of pressure – (b) input signal of flow

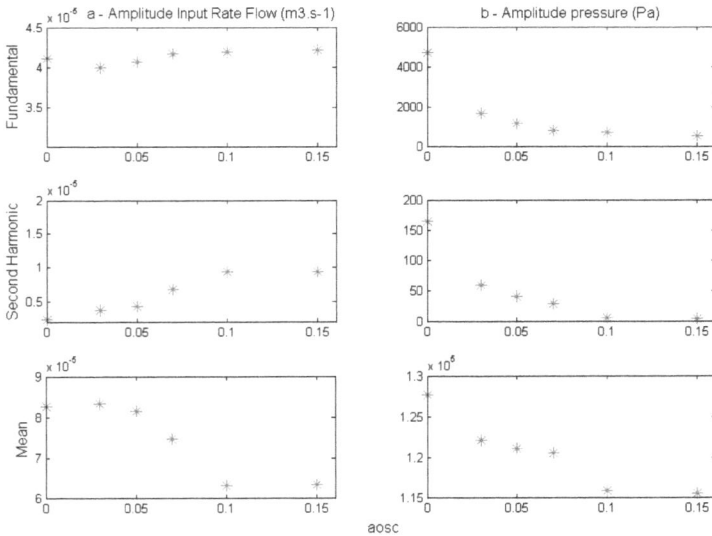

Figure 5. 5 : Amplitude obtained after Fourier transform; (a) input pressure – (b) input rate flow.

L'évolution de l'amplitude fondamentale du gradient de pression longitudinal - $\partial P / \partial z$ en fonction de aosc présente un minimum à aosc = 0,05 (fig.5.5b). L'augmentation de l'amplitude de gradient de pression fondamentale avec le rayon au-delà aosc = 0,05 est incompatible avec les résultats de la mécanique des fluides classiques, tandis que sous 0,05 ils sont conformes. Les valeurs de l'amplitude du gradient de pression moyen obtenues dans cette simulation, montrent que ce dernier augmente jusqu'à la même valeur critique de aosc égale à 0,05 (fig. 5.3b), pour diminuer ensuite. Cette diminution ne peut être expliquée que par l'effet significatif des termes d'accélération convective sur le gradient de pression moyen qui ne peuvent donc être négligés aux grandes déformations (aosc $\geq$ 0,10). En outre, l'influence de l'accélération convective se fait sentir sur l'amplitude fondamentale du gradient de pression pour aosc $\geq$ 0,10 qui présente un accroissement significatif. On observe deux régimes d'écoulement, l'un, en fonction du rayon et l'autre dominé par le comportement élastique, ces deux comportements étant définis par une valeur critique de aosc = 0,05. Cette valeur critique correspondrait à la limite de la variation du rayon où l'hypothèse de linéarisation des équations de Navier - Stokes peut être appliquée.

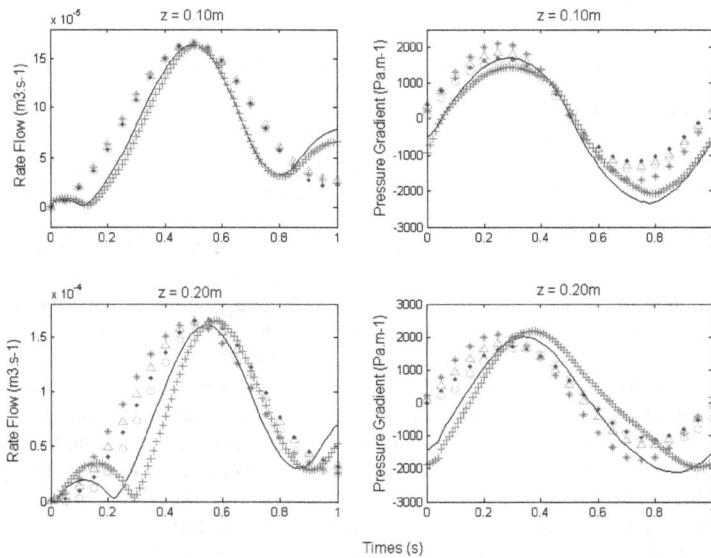

Figure 5. 6 : signal of flow and pressure at z = 0.10m and z = 0.20m.

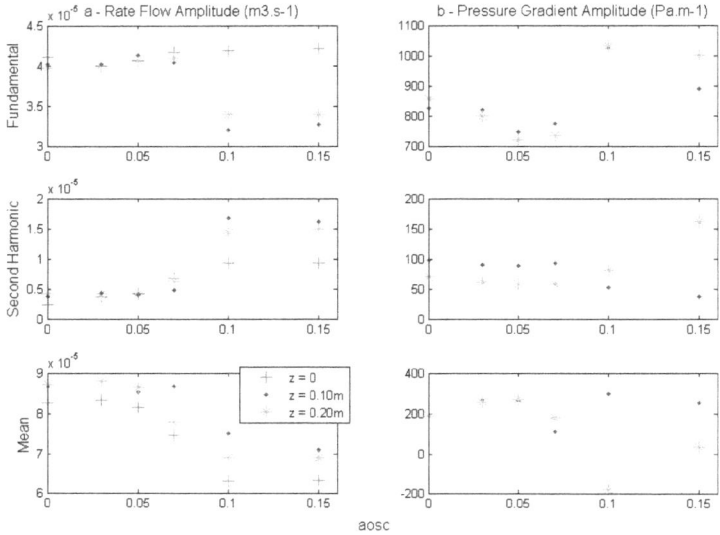

Figure 5. 7 : (a) Amplitude of flow – (b) Amplitude of pressure gradient.

Identiquement au chapitre 4, pour interpréter physiquement l'évolution du gradient de pression en fonction de la variation du rayon, nous avons calculé les rapports entre les amplitudes moyenne et pulsatile (fondamental et second harmonique) de - $\partial P/\partial z$ et du débit. Ces rapports définissent respectivement les composantes moyenne et pulsatile de l'impédance longitudinale. Sur La figure (5.6a) on observe l'évolution du fondamental de l'impédance longitudinale, en fonction de aosc qui présente aussi un minimum à aosc = 0,05. La première partie décroissante, reflète le fait que l'écoulement devient moins résistant en raison de l'augmentation du rayon au cours du cycle cardiaque. Alors que, pour les grandes élasticités pariétales caractérisées par des valeurs de aosc > 0,05, l'impédance longitudinale tend à augmenter pour devenir plus importante que le cas rigide. Les résultats trouvés pour aosc ≤ 0,05 sont cohérents avec ceux observés dans les moyens vaisseaux sanguins, dont leur rôle principal est de perfuser le sang en aval. Ce dernier résultat se retrouve dans les grandes artères dans certaines pathologies conduisant à un durcissement des artères telles que l'hypertension ou l'athérosclérose, le diabète [33, 56, 73, 92] ...ou l'âge [44, 51, 53, 92]. Nous pouvons expliquer l'augmentation de l'impédance longitudinale, pour des valeurs de aosc ≥ 0,05 en dépit de l'augmentation du gradient de pression pulsatile, par le fait qu'une partie du volume de fluide est resté stocké à l'intérieur du conduit. Nous avons vu plus haut l'importance des effets de convection pour ces valeurs de aosc, qui, comme nous le savons, contribue également au transport de masse. Normalement, l'augmentation du gradient de pression pulsatile aurait conduit à une augmentation significative du débit pulsatile, cependant, nous observons le contraire. En fait, nous voyons que l'amplitude fondamentale du débit diminue avec aosc à une distance de 20 cm, alors qu'il était pratiquement constant à l'entrée. Ces résultats sont très remarquables pour des valeurs de aosc égal à 0,10 et 0,15, rencontrés dans les artères très élastiques.   Ainsi, la connaissance de l'impédance longitudinale nous permet d'évaluer la capacité de l'artère à stocker un certain volume de sang. Elle pourrait donc caractériser la fonction principale des artères très élastique   qui est de stocker une partie du fluide à la systole et de le restaurer à la diastole.

Nous notons sur la figure (5.6b) que l'amplitude moyenne de l'impédance longitudinale est beaucoup plus petite que la composante pulsatile (fondamental et second harmonique), comme nous l'avons observé dans le modèle analytique.   Notre objectif étant d'étudier le rôle de l'élasticité de la paroi sur l'hémodynamique locale et ce, principalement au niveau des grosses artères, nous n'avons pas, dans notre simulation, utilisé des hypothèses restrictives sur les termes d'accélération convective qui sont les termes non linéaires des équations de Navier - Stokes. Différents travaux [45,88] ont montré l'augmentation de l'impédance longitudinale avec la fréquence comme nous l'avons trouvé pour le second harmonique, en $z = 0.10m$ pour aosc < 0,05 fig. (5.6a). Néanmoins, nous remarquons pour les cas ($z = 0.10m$ – aosc > 0,07 et $z = 0,20$) que le second harmonique de l'impédance longitudinale, obtenu dans nos simulations est inférieur au fondamental ; de plus il diminue avec aosc. Cela est dû au fait que le débit et le gradient de pression varient dans les mêmes proportions. De ce fait, les effets convectifs sont moins importants aux fréquences supérieures à la fondamentale. Alors que pour aosc = 0,15 et $z = 0,20$, nous constatons que l'amplitude du second harmonique de l'impédance longitudinale est sensiblement plus grande. Cela est probablement dû à l'influence des effets convectifs.

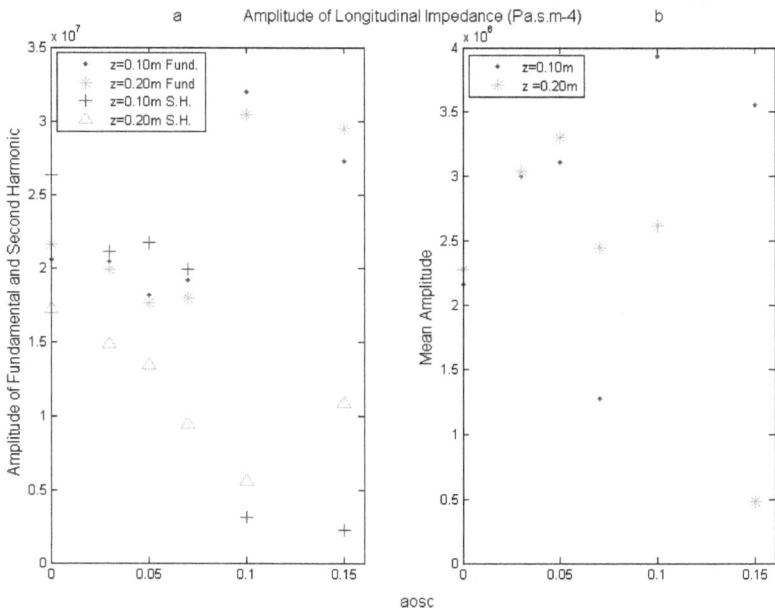

Figure 5. 8 : Amplitude of longitudinal impedance. (a) Fundamental (Fund.) and second harmonic (S.H.) (b) Mean amplitude.

Les profils de vitesse ont été représentés sur les figures 5.7.a-e, ils montrent une allure très plate sur une large portion centrale du conduit et ce quelque soit la valeur de aosc. On retrouve tout de même, prés de la paroi, de fort gradient de vitesse du fait des conditions limites à la paroi. Ce résultat est du à la valeur largement supérieure à 1 du paramètre de Womersley qui caractérise la compétition entre effets instationnaires et visqueux au sein de l'écoulement. En effet pour illustrer et mieux comprendre sa signification on peut représenter, ce paramètre, par un rapport de longueur :

$$\alpha = \frac{R_0}{\sqrt{\dfrac{\nu}{\omega}}}$$

Ce rapport, égal à 11.49, montre que le rayon R_0 du conduit est beaucoup plus grand que l'épaisseur de fluide affectée par la diffusion visqueuse au cours d'une pulsation cardiaque $\left(\sqrt{\dfrac{\nu}{\omega}}\right)$.

Au centre, les phénomènes instationnaires dominent complètement les effets de convections alors qu'au niveau de la couche limite, on remarque que les phénomènes physiques stationnaires (gradient de pression, diffusion visqueuse) sont perturbés par ces effets convectifs provoquant des reflux dans l'écoulement au niveau de la paroi pour les faibles élasticités caractérisés par aosc = 0 - 0.03 -0.05. Ce reflux se généralise sur toute la section lorsque aosc > 0.05 à certain instant du cycle cardiaque, dans ces conditions l'écoulement s'inverse. Ceci est visible sur les représentations instantanées de l'écoulement des figures 5.8.

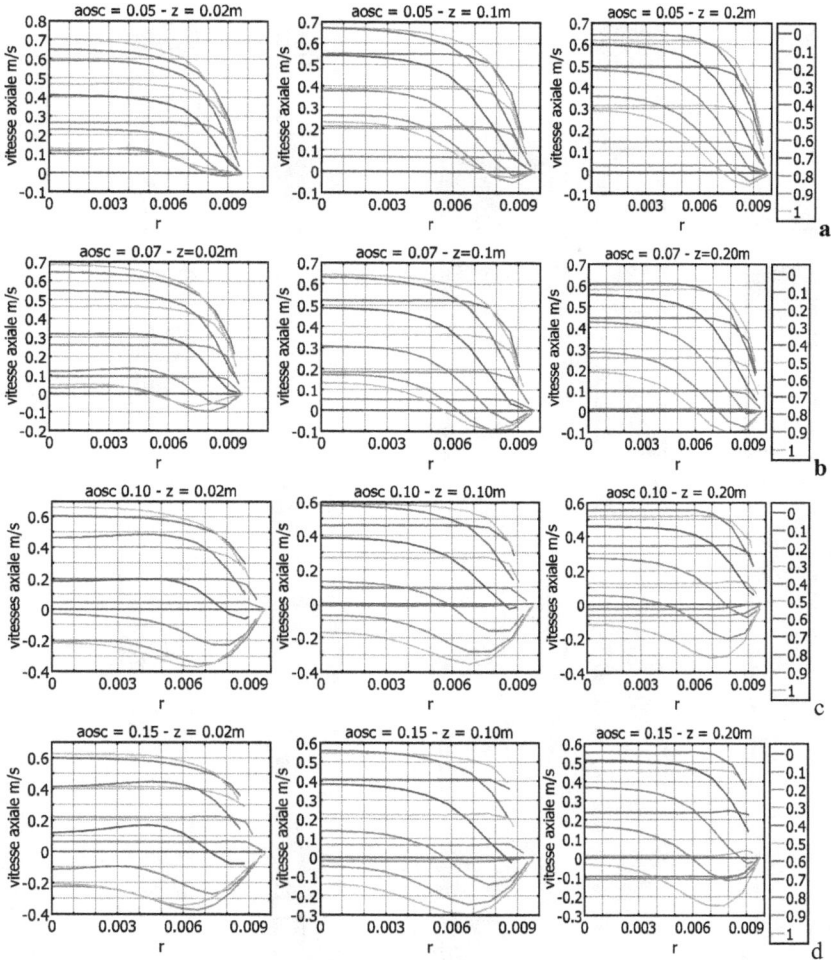

Figure 5. 9 : Profils des vitesses à différents Instants et pour différentes valeurs de aosc a,b,c,d,e.

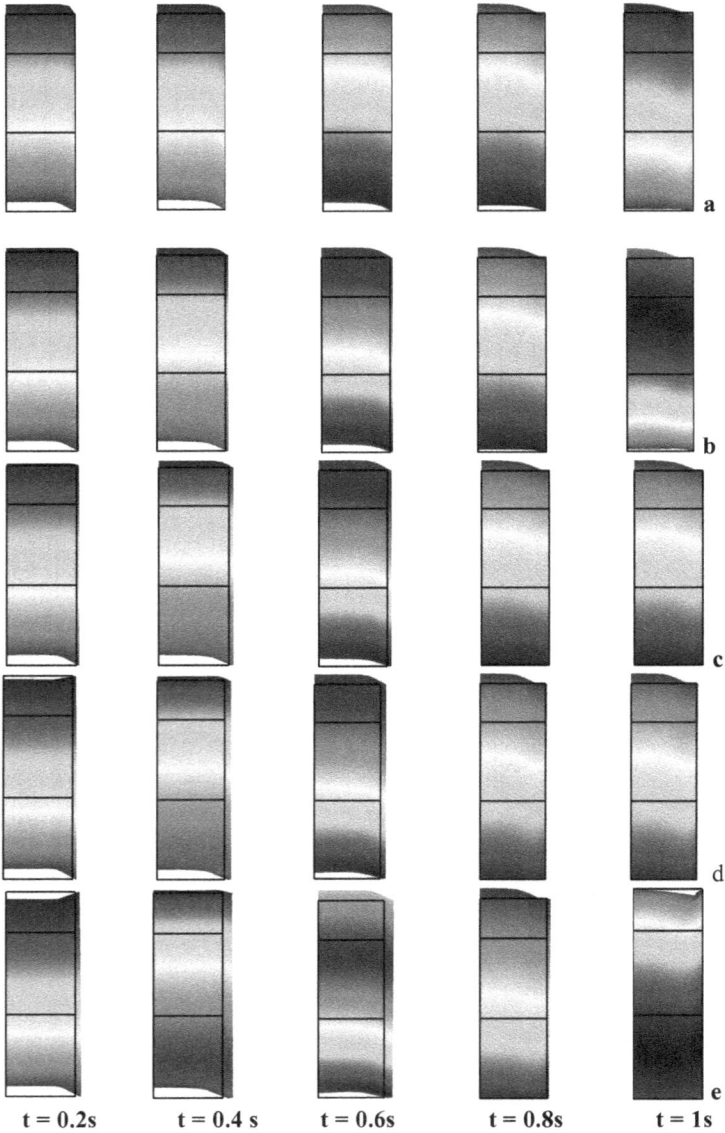

| t = 0.2s | t = 0.4 s | t = 0.6s | t = 0.8s | t = 1s |

Figure 5. 10 : évolution de la pression et du déplacement de la paroi artérielle à différents instants du cycle cardiaque. a :aosc =0, b : aosc = 0.05, c : aosc = 0.07, e : aosc = 0.10 et f = 0.15.

III. Conclusion

La simulation numérique confirme nos résultats trouvés dans le modèle semi analytique et témoigne que l'impédance longitudinale pourrait être un indice clinique important permettant le dépistage des maladies causées par un changement dans le comportement mécanique des artères. En effet, plusieurs études ont montré l'incidence de la rigidité artérielle sur les maladies cardiovasculaires. Il serait intéressant d'accéder à cet indice à partir des techniques non invasives comme l'échographie Doppler ou IRM [52 – 83]. En se basant sur ces techniques de mesure, les modèles semi-analytiques non linéaire développés dans la présente étude permettent d'accéder au gradient de pression et donc à l'impédance longitudinale. Cette étude à fait l'objet d'une publication [82]

CONCLUSION ET PERSPECTIVES

Ce travail de recherche est une contribution à l'étude de l'hémodynamique de la grande circulation artérielle. Il s'inscrit dans le cadre du développement de techniques d'imageries fonctionnelles atraumatiques, un domaine de recherche qui présente un intérêt fondamental dans le domaine de la santé publique.

Une réflexion approfondie a permis de constater que l'hémodynamique de la circulation artérielle est gouvernée par deux phénomènes physique qui entrent en compétitions : les interactions fluide – structure et les réflexions. Aussi, nous avons articulé nos recherches autour de deux grands axes qui sont l'hémodynamique des petites à moyennes artères où ce sont les réflexions qui module l'onde générée par le cœur et l'hémodynamique des larges troncs artériels où les interactions fluide – paroi y jouent un rôle essentiel. Les modèles proposés s'appuient sur les techniques de diagnostics non intrusives comme la vélocimétrie doppler ultrasonore et l'IRM de flux en d'autres termes sur les techniques d'imageries fonctionnelles.

La modélisation de l'écoulement dans les petites artères qui a fait l'objet d'une validation expérimentale sur un banc hydrodynamique, aura permis de développer, entre autre, une méthode pertinente de détermination de la vitesse de propagation. Cette méthode utilise la donnée de la vitesse au centre et du rayon instantané en un seul site de mesure, les artères ayant des longueurs de l'ordre du diamètre des sondes échographiques. Une simulation de bruits a aussi été réalisée afin de se trouver dans des conditions réelles de mesure et de montrer les limites de l'application clinique des modèles élaborés. Ces bruits qui peuvent être occasionnés par différentes sources rencontrées en milieu clinique n'affectent pratiquement pas les résultats trouvés.

Une modélisation semi analytique des larges artères a été développée en second lieu. Si la première modélisation a bénéficié d'un apport d'au moins deux décennies de recherche et de la linéarisation des équations de transport, entièrement justifiée par ailleurs pour les petites d'artères, il n'en n'est pas de même au niveau des larges artères. Aussi, peu de modèles semi - analytiques ont été développés à ce jour du fait des différentes sources de non linéarité qui apparaissent dans ce milieu. Non linéarité de l'équation de Navier – Stokes, du comportement élastique de la paroi …ce qui en complique sa résolution. La modélisation semi analytique dédié aux larges artères a permis d'exprimer le gradient de pression et l'impédance longitudinale en fonction de la vitesse d'écoulement au centre. Les résultats ont montré l'influence des effets convectifs sur l'écoulement qui se traduisent par un gradient de pression beaucoup plus faible que celui prévu par le modèle linéaire. Ces résultats qui ont fait l'objet d'une communication orale et de publications écrites ont été complétés par une simulation numérique qui utilise une méthode Arbitrairement Lagrangienne Eulérienne (ALE). La méthode ALE prend en compte les interactions fluide – structure qui dans ce type d'artères jouent un rôle majeur. Ainsi définie, cette méthode a nécessité la mise en place de six modèles pour simuler les écoulements engendrés par différents comportements mécaniques pariétaux, dans lesquels nous avons intégrés des comportements allant du cas rigide au cas très élastique, à fin de reproduire des situations physiologiquement normales à pathologiques. Cette simulation, implémentée sur la plateforme Matlab, aura permis de valider les résultats et interprétations effectués dans le modèle semi analytique. En effet, elle révèle deux types d'écoulement, caractérisés par un point critique correspondant à l'amplitude du déplacement pariétal aosc = 0.05. Par ailleurs dans cette étude, nous avons mis en exergue un paramètre qui présenterait un intérêt clinique pour l'évaluation des performances des larges artères : l'impédance longitudinale. Vu la complexité des équations auxquelles nous avons du faire face et afin de mettre en relief l'influence du comportement mécanique sur l'hémodynamique locale, nous n'avons pas tenu compte, dans notre démarche, des ondes de réflexions générés par le système artériel.

Au terme de ce travail nous avons réalisé que plusieurs développements pourraient être envisagés :

- Réaliser un montage expérimental grandeur réelle afin de soulever tous les problèmes rencontrés en milieu clinique.

- Développer une nouvelle technique de traitement du signal physiologique qui ne se base plus sur l'analyse de Fourier. Les ondes retour issues de différentes sources arrivent sur l'onde incidente en différents instants, instants très significatifs…

- Déployer une stratégie de la mise en application clinique du formalisme mathématique et physique pour chaque type d'artère à explorer, selon la technique de mesure employée, vélocimétrie doppler ou IRM de flux.

RFERENCES BIBLIOGRAPHIQUES

[1] B. Abdessalem, K., Sahtout, W. Numerical simulation of non-invasive determination of the propagation coefficient in arterial system using two measurements sites. European of Physique Journal applied, 40, 211-219 (2007).

[2] B. Abdessalem, K. Etude de l'écoulement pulsatile d'un fluide visqueux dans un milieu viscoélastique : Application à l'écoulement du sang dans les artères. Thèse de physique, Faculté des Sciences de Sfax, Université Pais 7 (2008).

[3] Anliker, M., Morritz, W.E. ang Ogden, E. Transmission characteristics of axial waves in blood vessels.J. Biomeh. 1p. 235 – 246.

[4] Armentano, RL., Barra, J.G. Cabera Fischer, EI., Breitbart, GJ., Pichel, RH., Simon, A. Assessment of elastin and collagen contribution to aortic elasticity in conscious dog. Am. J. Physiol.260: H1870-H1877 (1991).

[5] Armentano, RL., Barra, J.G., Levenson, J., Simon, A., Pichel, RH. Arterials Wall mechanics in conscious dogs : assessment of viscous, inertial and elastic modules to characterize the aortic wall behavior. Circ.Res; 76: 469-478 (1995)

[6] Armentano,.R., Simin, A.Levenson, J., Intérêt de l'enregistrement de l'onde de pouls pour l'étude de la compliance artérielle : valeur, diagnostic et pronostic. Sang Thrombose vaisseaux. Vol.7, Numéro 4.265 – 270(1995).

[7] Amentano, R. L. Détermination in vivo des caractéristiques hémodynamiques artérielles, application à l'hypertension. *Thèse de doctorat, Paris 7* (1999).

[8] Attinger, E. O. Hydrodynamic of blood flow.Advanced in hydroscience.Ven Te Chow, Ed. Academic Press, Vol.3, p 111(1966).

[9] Avolio A.P., Cheng F.Q., Wang RP, Zhang C.L., Li M.F., O'Rourke M.F. Effects of aging on changing arterial compliance and left ventricular load in a northern Chinese urban community. Circulation; 68 : 50-8 (1983)

[10] Baranger, J., Nadjib, K. Analyse numérique des écoulements quasi-newtoniens dont la viscosité obéit à la loi de puissance ou la loi de Carreau, Num. Math., 8, 31-49 (1990).

[11] Baskurt, O.K. and H.J. Meiselman, 2003, Blood rheology and hemodynamics, Seminars in Thrombosis and Hemostasis 29

[12] Bensalah, A. and Flaud, P. Méthode de determination indirecte de grandeurs cliniques dans les artères; Journal de biophysique et de medicine nucléaire pp 127-133.

[13] Benson D.J. An efficient, accurate, simple ALE method for nonlinear Finite element programs. Comput. Meth. Appl. Mech. Eng. 72(3) : 305 -350 (1989)

[14] Bergel,D.H. The static properties of the arterial wall. J. Physiol., 156: 445 – 457 (1961)

[15] Bergel D.H., The properties of blood vessels. In: Biomechanics: its foundations and objectives. Fung, Y. C. perrone, N., Anliker, M eds., New Jersey: Prentice-Hall, Chapter 5, 1972.

[16] Bertram, C.D., Gow B.S. and.Greenwald, S.E. : Comparison of different methods for the determination of the true wave propagation coefficient, in rubber tubes and the canine thoracic aorta ; Med.Eng.phys.vol.19, pp.212-222(1997).

[17] Bittoun,J. Bases physique des mesures de vitesse circulatoire en imagerie pa résonance magnétique (IRM). Unité de recherche en résonance magnétique médicale (ESA 8081-CNRS).

[18] Campbell, K. B., and Lee, L. C., Frash, H.F and Noordergraaf, A. Pulse reflection sites and effective length of the arterial system. Am.J.Physiol., 256, 1684-1689 (1989).

[19] Carew, T. E., Vaishnav, R. N. and Patel, D. J. Compressibility of the arterial wall. Circ. Res., 23, 61-68 (1968).

[20] Caro, C.G., Fitz-Gerallg, J. M., Schroter, R. C., Atheroma and arterial wall shear: Observation, correlation, and proposal of a shear dependant mass transfert mechanism for artherogenesis. Proc. R. Soc. London [Biol], 177, 109 (1971).

[21] Caro, C.G. ; Pedley, T. J.; Schroter, R. C.; Seed, W. A. The mechanics of the circulation. Oxford University Press, 1978.

[22] Charara, J., Aurengo, A., Lelièvre, J.C., Lacombe, C. Quantitative characterization of blood rheological behavior in transient flow with a model including a structure parameter, *Biorheol.*, 22, 509-521 (1991).

[23] Comolet.R. Biomécanique circulatoire. Paris : masson ; 1984.

[24] Conférence d'experts, Cathétérisme artériel et mesure invasive de la pression artérielle en anesthésie réanimation chez l'adulte, SFAR 1994.

[23] Coussot, P., Grossiord. J.L., Comprendre la rhéologie de la circulation du sang à la prise du béton.EDP Sciences, groupe Français de Rhéologie.

[25] Cox RH, Passive mechanics and connective tissue composition of canine arteries. Am.J.Physiol., 234, 533-541, (1978)

[26] Cross, M. M., Rheology of non-Newtonian fluids: a new flow equation for pseudoplastic systems, J. Colloid. Sci., 20, 417-437 (1965).

[27] David, S., Berger, J. K., and Noordergraaf, A. Differential effects of wave reflections and peripheral resistance on aortic blood pressure: a model-based study. Am.J.Physiol., Soc., 94, 1626-1642 (1994).

[28] Donea J, Fasoli-Stella P, and Giuliani S. Lagrangian and Eulerian finite element techniques for transient fluid-structure interaction problems. In Trans. 4th Int. Conf. on Structural Mechanics in Reactor Technology, Paper B1/2, San Francisco, California, USA, (1977).

[29] Donea J, Giuliani S, and Halleux JP. An Arbitrary Lagrangian-Eulerian finite element method for transient dynamic fluid-structure interactions. Comput. Meth. Appl. Mech. Eng. (1982).

[30] Donea J., Huerta A., Ponthot J.-P., and Rodriguez-Ferran A. Arbitrary Lagrangian - Eulerian Methods, chapter 14. John Wiley & Sons, (2004).

[31] Doriot,P.A. blood flow measurement using an ultrasound Doppler device multichannel. Dissertation ETH Zürich, N°5746, (1976).

[32] Dutta, A. and Tarbell, J.M., Influence of non newtonien behavior of blood on flow in an elastic artery model. Journal of biomechanical engineering, Vol.8 n°118, 111-119 (1996).

[33] Farrar DJ, Green HD, Wagner WD, Bond MG. Reduction in pulse wave velocity and improvement of aortic distensibility accompanying regression of atherosclerosis in the Rhesus monkey. Circ Res. 47 : 425 (1980).

[34] Farrar, D.J., Bond, M.G., Riley, W.A., Sawyer, J.K., Anatomic correlates of aortic pulse wave velocity and carotid artery elasticity during atherosclerosis progression and regression in monkeys. Circulation, Vol. 83, pp1754-63(1991).

[35] Fink, M. Physique des ultrasons. Les colloques de l'INSERM. INSERM VOL. 111, p.21-34, (1982).

[36] Flaud, P., Geiger, D., Oddou,C. and Quémada, D. Application à l'étude de la circulation sanguine. J. of phys., 35, 869-882 (1974).

[37] Flaud, P., Geiger, D., Odou, C. Influence de la viscoélasticité non linéaire pariétale sur les écoulements pulsés. Application au champ d'écoulement sanguin artériel. Cahier du groupe français de Rhéologie, Tome V, N°1. Paris : Université Paris VII ; 1978.

[38] Biomechanics Its Fondations and objectives ; Y.C.Fung, N.Perrone and M.

Anliker.

[39] Mancia, G., M. D. Profiles in Cardiology. Clin. Cardiol. 20, 503 – 504 (1997).

[40] Hamilton, W.F., P. DOW. An experimental study of the standing waves in the pulse propogated through aorta. Am.J. Physiol. 125 : 48 - 59 (1939).

[41] Hamilton, W.F. The patterns of the arterial pressure pulse. Am.J. Physiol. 14: 235 : 241 (1944).

[42] Hayness FW, Ellis LB, Weiss S. Pulse wave velocity and arterial elasticity in arterial hypertension, arteriosclerosis and related conditions. Am Heart J. 11 : 385(1936).

[43] Hirt C. W., Amsden A. A. and Cooks H. K. , An Arbitrary lagrangian – eulerian Computing method for all flow speeds, J. Comput. Phys. 14 : 227 – 253 (1974).

[44] Isnard, R.N., Pannier, B.M., Laurent, S., London, G.M., Diebold, B., Safar, M.E., Pulsatile diameter and elastic modulus of the aortic arch in essential hypertension: a noninvasive study. Am. Coll. Cardiol., Vol.13, pp 399-405(1989).

[45] Jager,G.N., Westerhof, N., and Noordergaaf, A., Oscillatory flow Impedance in electrical analog of arterial system : Representation of sleeve effect and non-Newtonian properties of flow. Circ.res., Vol. 16, pp. 121 – 133(1965).

[46] John K.-J. LI, Julius Mulbin, Robert A. Riffle, AND Abraham Noordergraaf: Pulse Wave Propagation ; Cir Res 49: 442-452 (1981).

[47] Khir, A. W., O'Brien, A., Gibbs, J. S. R. and Parker, K.H. Determination of wave speed and wave separation in the arteries. Journal of Biomechanics, 34, 1145-1155 (2001).

[48] Klip, W.; Van Loon, P. and Klip, D.A. B. Formulas for phase velocity and damping of longitudinal waves in thicks walled viscoelastic tubes. J. Appl. Phys., 38 37 – 45 (1964).

[49] Korteweg, D.J. "Ueber die Fortpflanzungsgeschwindigkeit des Schalles in elastischen Röhren.("On the velocity of propagation of sound in elastic tubes.") Annalen der Physik und Chemie, NewSeries 5, 525-542 (1878).

[50] G.J.Lange Wouters; K.H.Wesselling et W.J.A Goedhard. The statique properties of 45 human thoracic and 20 abdominal aortas in vivo and parameters of new model; J.Biomechanics, 17, pp425 (1993).

[51] Lang, R.M., Cholley, B.P., Korcarz, C., Marcus, R.H., Shroff, S.G., Measurements of regional elastic properties of the human aorta: a new application of transesophageal echocardiography with automated border detection and calibrated subclavian pulse tracings. Circulation,Vol.90, pp1875-82 (1994).

[52] Laurent S, Cockroft J, Van Bortel L, Boutouryie P, Giannattasio C, Hayoz D, Pannier B, Vlachopoulos C, Wilkinson I, Struijker-Boudier H. Expert consensus document on arterial stiffness: methodological issues and clinical applications. *Eur Heart J.* Vol. 27, pp2588-2605 (2006).

[53] Learoyd, B.M., Taylor, M.G., Alterations with age in the viscoelastic properties of human arterial walls. Circ. Res., Vol. 18, pp 278-292 (1966).

[54] Li, J K. J., and Melbin, J., and al. Pulse wave Propagation. Circ. Res., 49, 442-452 (1981).

[55] Ling, S.C., and Atabeck, H. B. A Non linear Analysis of pulsatile flow in arteries. Journal of fluid mechanic, 55, 493 (1972).

[56] Liu, Z., Ting, C.T., Zhu, S., Yin, F.C.P., Aortic compliance in human hypertension. Hypertension,Vol.14,(1989), pp 129-136.

[57] Luo,X.Y. ang Kuang, K.B. Non newtonian flow patterns associated with an arterial stenosis. Journal of Biomechanical engineering, Vol.114, 512 – 514 (1992).[58] Maarek, B., Simon, A., Levenson, J., et al. Heterogeneity of the arteriosclerosis process in systemic hypertension poorly controlled by drug treatment. Am. J. Card.; 59: 414-417 (1987).

[59] Mc Donald, D. A. The relation of pulsatile pressure to flow in arteries. J.Physiol. London: 127: 533 – 552, (1955).

[60] McDonald, D.H. Blood flow in arteries. Monographs of the physiological Society. Baltimore: William and Wilkins Company, (1960).

[61] Mc Donald, D. A. Blood flow in arteries. (2nd ed.), London: Arnold, (1974)

[62] Midoux N. Mécanique et rhéologie des fluides en génie chimique. TEC§DoC : Paris. France ; (1993).

[63] Milnor, W. R. and Nichols, W. Anew method of measuring propagation coefficients and characteristic impedance in blood vessel. Circ. Res., 36, 631-639 (1975).

[64] Milnor, W. R., and Bertram, C. D. The relation between arterial viscoelasticity and wave propagation in the canine femoral artery in vivo. Circ. Res., 43, 870-879 (1978).

[65] Monier M. Changes in pulse wave velocity in man: a longitudinal study over 20 years. Experientia ; 43 : 378 (1987).

[66] Motoji, S., Ryutaro, T. et al.: Aortic pulse wave velocity and the degree of atherosclerosis in the elderly: a pathological study based on 304 autopsy cases;Atherosclerosis 179, pp345-351(2005).

[67] Newman, D.L., Grenwald, S.E. Analysis of forward and backward pressure waves by a total occlusion method. Med.bio.eng and comp, 80,240-245 (1980).

[68] Nichols,W.W.; O'Rourke, M.F. McDonald's blood flow in arteries : theoretical, experimental and clinical principles; Holder Arnold Publication, (2005).

[69] Noh.W.F., A time-dependent two-space dimensional coupled eulerian lagrangian code, methods I computional physics, vol.3, B. Alder, S. Fernbach and M.Rotenberg (Eds.), Academic Press, New York, pp. 117. (1964)

[70] O'Brien, E., Mee, F., Atkins, N., O'Malley, K. Inaccuracy of seven popular sphygmomanometers for home measurement of blood pressure. J. Hypertens.;8:621-34 (1990)

[71] O'Brien E, Fitzgerald D. The history of blood pressure measurement. J. Hum. Hypertens;8:73-84 (1994).

[72] O'Brien E, Atkins N, Staessen J. Factors influencing validation of ambulatory blood pressure measuring devices. J Hypertens; 13:1235-40 (1995).

[73] O'Rourke, M.F., Arterial stiffness, systolic blood pressure, and logical treatment of arterial hypertension. Hypertension, Vol.15pp 339-47 , (1990).

[74] Patel, D, D. J., Greenfield, J. C., Fry, D. L. In vivo pressure –Length- radius relationship of certain blood vessels in man and dog. In Pulsatile Blood Flow. Attinger, E. O., McGraw-Hill, New York, 293-302 (1964).

[75] Pinaud M, Demeure D, Moren J. Le cathéter de Swan Ganz en anesthésie : les limites et les abus. In:XXIIèmes Journées Méditerranéennes d'Anesthésie Réanimation UrgencesNimes 1996, E Viel et JJ Eledjam, Sauramps Médical, Montpellier, pp 149-72 (1996).

[76] Poiseuille,J.L.M., Recherches sur la force du cœur aortique -Thèse (1828).

[77] Quemada, D., Lelièvre, J.C., Lacombe, C., Caractérisation rhéologique du sang, 6ème Congrès de Biomécanique, Tokyo (1981).

[78] Roach, M. R. and Burton, A.C., The reason for the shape of the distensibility curves of arteries. Canadian Journal of Biochemistry and Physiology, 35(8), 681-690 (1957).

[79] Rogova, I. Propagation d'ondes en hémodynamique artérielle : Application à l'évaluation indirecte des paramètres physiopathologiques. Thèse de doctorat, Paris 7 (1998).

[80] Rogova, I. Propagation d'ondes en hémodynamique artérielle : Application à l'évaluation indirecte des paramètres physiopathologiques, thèse de doctorat Paris 7 (1998).

[81] Safar, M., Paroi artérielle et vieillissement vasculaire, 2002 Éditions scientifiques et médicales Elsevier SAS. Pp
[82] Sahtout, W. Ben Salah, Influence of elasticity of larges arteries on the longitudinal impedance : Application for the development of non-invasive techniques to the diagnostic of arterial diseases.J.nonlinear biomedical physics (in press).
[82] Sahtout, W., Ben Salah, R., Influence des effets convectifs sur l'hémodynamique des larges artères dans des conditions normales et pathologiques. Revue de Rhéologie,Vol.18, pp.1-10(2010).

[83] Shin-ichiro Katsuda, Hiroshi Miyashita et al.: Characteristic change in local pulse wave velocity in different segments of the atherosclerotic aorta in KHC rabbits; American Journal of Hypertension Vol.17, pp 181-187(2004).

[84] Shukla, J.B. , Parhiar, R.S., Pao, B.P.P. Effects of stenosis on non-Newtonian flow of the blood in an artery. Bull. Math. Biology, 42, 3, 283-294 (1980).

[85] Simon A, Levenson J, Bouthier J, et al. Evidence of early degenerative changes in large arteries in human essential hypertension. Hypertension; 7 : 675-80 (1985).

[86] Simon A, Levenson J. La compliance artérielle joue-t-elle un rôle dans la physiopathologie de l'hypertension artérielle ? Press. Med. ; 15 : 2243-6 (1986).

[87] Skelly, C.L., Meyerson, S., Hémodynamique des greffes Veineuses : Evaluation et Signification. Ann.Chir.Vasc, Vol.15, pp. 110-122(2001).

[88] Taylor, M. G. The input impedance of an assembly of randomly branching elastic tubes. Biophys. J. 6: 29 – 51, (1966).

[89] Taylor, M. G. An introduction to some recent developments in arterial hemodynamics. Australas. Ann. Med. 15: 71 – 86, (1966).

[90] Tedgui,A. and Lévy,B. Biologie de la paroi artérielle – aspects normaux et phathologiques. Masson, Paris.

[91] Ting, C.T., Brin, C.P., Lin SJ, Wang SP, Chang MS, Chiang BN. Arterial hemodynamics in human hypertension. J Clint Invest ; 78 : 1462 (1986).

[92]I.3 The Linear Approximation for Long wave. *Phil. Mag.,* 46, p.199 (1955).

[93] M.Ursino, E. Artioli et M.Gallerani; An Experimental comparaison of different methods of measuring wave propagation in viscoelastic tubes; J.Biomechanics, vol.27,No7, pp.979-990(1994)

[94] Wang, J.J., Parker, K.H. Wave propagation in a model of the arterial circulation. Journal of Biomechanics, 37, 457-472 (2004).

[95] Weber, E-H. (1850). "Ueber die Anwendung der Wellenlehre vom Kreislaufe des Blutes und insbesondere auf die Pulslehre." ("On the application of wave theory to the circulation of blood andin particular on the pulse.") Berichte über die Verhandlungen der Königlichen Sächsischen Gesellschaft der Wissenschaften zu Leipzig, Leipzig, Germany, Mathematical-Physical Section, 2,1164-204 (in German).

[96] Wells, P.N.T., Physical principles of ultrasonic diagnosis. Academic Press, London 1969.

[97]Womersley, J. R.. Oscillatory Motion of a Viscous Liquid in a Thin-Walled Elastic Tube – I. The Linear Approximation for Long wave. Phil. Mag., 46, p.199 (1955).

[98] Womersley, J.R. method for the calculation of velocity, rate of flow and viscous drag in arteries when the pressure gradient is know. J.Physiol. London: 127: 553 – 563, (1955).

[99] Womersley, J.R. The mathematical analysis of the arterial circulation in a state of oscillary motion. Dayton, OH: Wright air development center, technical Rep. WADC-TR56-614 (1957).

[100]Womersley, J. R. Oscillatory Flow in Arteries: The Constrained elastic tube as a Model of Arterial Wall and Pulse Transmission. Phys. Med., 46, p.178 (1957).

[101] Wang, J.J., Parker, K.H. Wave propagation in a model of the arterial circulation. Journal of Biomechanics, 37, 457-472 (2004).

[102] Yataka Koji, Hirofumi Tomiyama et al. Comparison of Ankle-Brachial Pressure index and pulse wave velocity as markers of the presence of coronary artery disease in subjects with a high risk of atherosclerotic cardiovascular diesease ; American Journal of cardiology 94, pp.868-872(2004).

[103] Young ,T. Hydraulic investigations,subservient to an intended Croownian lecture on the motion of the blood. Philosophical Transactions of the Royal Soc.of London, 98, 164 – 124 (1808).

[104] Biomechanics Mechanical Properties of Living Tissues; Springer-Verlag.

www.ingramcontent.com/pod-product-compliance
Lightning Source LLC
Chambersburg PA
CBHW021121210326
41598CB00017B/1526